农村劳动力转移技能培训丛书

# 电子操作工必读

农业部农民科技教育培训中心　组编

U1014309



中国社会出版社

**图书在版编目(CIP)数据**

电子操作工必读/农业部农民科技教育培训中心组编.
—北京:中国社会出版社,2007.10
(农村劳动力转移职业技能培训)

ISBN 978-7-5087-1971-9

Ⅰ.电…　Ⅱ.农…　Ⅲ.电子技术—基本知识　Ⅳ.TN

中国版本图书馆 CIP 数据核字(2007)第 157457 号

---

**书　　名:电子操作工必读**
**组　　编:** 农业部农民科技教育培训中心组编
**责任编辑:** 牟　洁

---

**出版发行:** 中国社会出版社　邮政编码:100032
**通联方法:** 北京市西城区二龙路甲 33 号新龙大厦
电话:(010)66080300　　电传:(010)66051713
邮购部:(010)66060275
**经　　销:** 各地新华书店

---

**印刷装订:** 北京市优美印刷有限责任公司
**开　　本:** 140mm×203mm　1/32
**印　　张:** 3.375
**字　　数:** 50 千字
**版　　次:** 2008 年 1 月第 1 版
**印　　次:** 2014 年 8 月第 4 次印刷
**定　　价:** 8.00 元

# 出版前言

根据党中央、国务院关于“培养推进社会主义新农村建设的新型农民，大规模开展农村劳动力技能培训”等要求，农业部农民科技教育培训中心组编了这套农村劳动力转移技能培训丛书。

该套丛书具有较强的实用性，在组编过程中，侧重于职业素质与操作基本技能，力求做到让广大农民朋友“看得懂、用得上”，并在较短时间内初步了解职业特点，为进一步全面、系统、专业地学习职业技能打下良好的基础。

# 目　　录

# 第一章　半导体的基本知识

## 第一节　半导体基础知识

### 一、半导体的导电特性

什么叫半导体？通俗的说法是导电能力介于导体和绝缘体之间的物质，主要是硅、锗、硒及大多数金属氧化物和硫化物等四价元素。本来半导体就是纯净的不含“杂质”的四价元素，所谓“杂质”就是非四价元素。

半导体能够迅速发展，并不在于它的导电能力介于导体和绝缘体之间，而在于它有独特的导电特性：

1. 导电能力在不同的环境条件下，差别很大。

有些半导体的导电能力对温度的变化反应很灵敏；利用这一特性，就可以制成热敏元件，进行温度控制。

有些半导体受到光线的照射时，它的导电能力增强，使电路导通；利用这一特性，就可以制成光电元件，实现电路的自动控制。

有些半导体当给它加一定的电压时，就可以发光，因此可以制成光敏元件，通常称发光二极管。

2. 半导体中参与导电的粒子，不仅为自由电子（简称电子），而且还有“空穴”。所谓“空穴”，通俗解释就是半导体晶体结构中的空位子，可做相对运动；当半导体受到电场作用时，就会形成电子电流和空穴电流。

3. 在纯净的半导体中，掺入不同价的元素（杂质），它的导电能力增加得更加明显。因此可利用掺入杂质的浓度不同，实现不同的电阻率；也可以利用掺入不同价的元素形成杂质半导体。

## 二、杂质半导体

在纯净的半导体中掺入不同价的元素可形成两种杂质半导体，一种为 P 型半导体，另一种为 N 型半导体。

1. P 型半导体是在纯净的半导体中掺入三价元素而形成。其中空穴为多数载流子，自由电子为少数载流子，以空穴导电为主。

2. N 型半导体是在纯净的半导体中掺入五价元素而形成。其中自由电子为多数载流子，而空穴为少数载流子，以自由电子导电为主。

P 型、N 型半导体的导电能力虽然增强，但并不能直接用来制造半导体器件。通常应将一块完整的半导体中的一部分形成 P 型半导体，另一部分形成 N 型半导体，载流子扩散后，在 P 型及 N 型半导体的交界面处就会形成一个具有内电场的电荷区，称 PN 结。

## 三、PN 结的单向导电性

半导体中的 PN 结是半导体内的内电场，它的方向是由 N 区指向 P 区，只允许一个方向的电流通过，因此说 PN 结具有单向导电性。

1. 当 PN 结外加正向电压时，即 P 区接外电源的正极，而 N 区接外电源的负极，这时外电场与内电场方向相反。当外电场大于内电场时，外电场抵消内电场，使 PN 结变得很薄，电阻比较小，这时电路导通，电流从 P 区流向 N 区。如图 1－1（a）。

2. 当 PN 结外加反向电压时，即 P 区接外电源的负极，而 N 区接外电源的正极，这时外电场与内电场方向相同，外电场加强了内电场，使 PN 结变得很厚，电阻很大，这时电路不能导通，称电路截止。如图 1－1（b）。

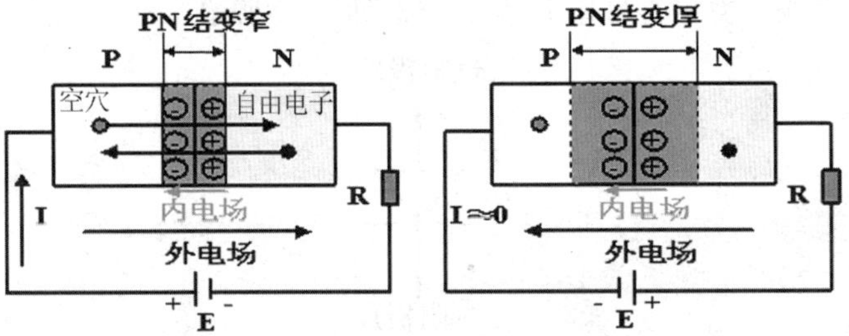


（a）PN 结外加正向电压　　（b）PN 结外加反向电压

**图 1－1　PN 结的单向导电性**

PN 结是组成各种半导体器件的基础。如二极管是一个 PN 结，具有单向导电性，可以将交流电变成直流电，称整流。三极管是由两个 PN 结组成，具有电流放大作用，可以放大信号，应用于信号的放大电路。晶闸管是由三个 PN 结组成，具有可控整流作用。还有很多电子器件，它们的内部结构都有 PN 结，但是形式有所不同，特性也不同。因此说 PN 结是组成各种半导体器件的基础。

## 第二节　半导体二极管

### 一、普通二极管

将一个 PN 结用外壳封装起来，分别从 P 区、N 区引出两根电极，就构成了一个普通的半导体二极管，简称二极管。

1. 图形及文字符号

从P区引出的电极称为阳极，可用“+”符号表示；从N区引出的电极称为阴极，可用“-”符号表示。它的图形符号很简单，就是在线路上画一个三角形的箭头，三角形顶点处画一个短垂直线、文字符号用D表示。如图1-2所示。

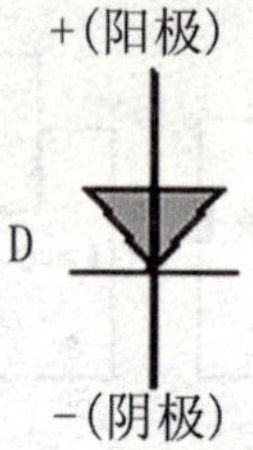


图1-2　二极管的表示符号

2. 主要种类

半导体二极管的种类很多，按用途来分类，可分为普通管、稳压管、整流管、开关管、光电管等，可由型号上的字母来区分。见表1-1。

按PN结的结面大小来分类，可分为点接触型（通常为小功率管）和面接触型（通常为大功率管）、平面型（通常为开关管）。如图1-3所示。

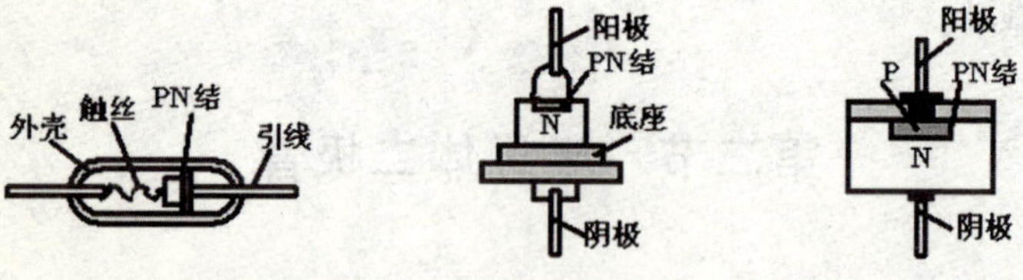


(a) 点接触型　(b) 面接触型　(c) 平面型

图1-3　二极管的结构

常见二极管的外形封装如图 1－4 所示。

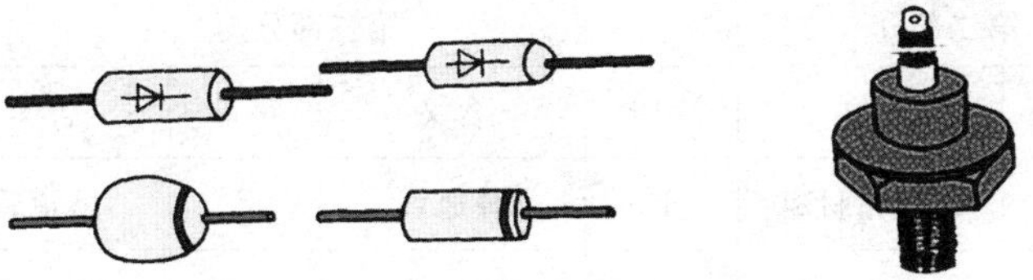

（a）塑料封装（3A 以下电流）　（b）金属封装（5A 以上电流）

**图 1－4　二极管的外形封装**

塑料封装的整流二极管的极性标志有两种表示法：一种为印上二极管的符号标志出二极管的极性，这与金属封装的二极管相同；另一种则在二极管的表面上的一端印上环带来表示出极性。

3．国产二极管型号命名

规定二极管型号命名的方法如下：

第一部分　第二部分　第三部分　第四部分

- 第四部分：用数字表示器件序号
- 第三部分：用字母表示器件类型
- 第二部分：用字母表示器件材料和类型
- 第一部分：用数字表示器件电极数目

如2　C　P　10

- 10：序号
- P：普通管
- C：N 型硅材料
- 2：二极管

表 1-1　　型号中第二部分和第三部分字母的含义

| 第二部分 | | 第三部分 | | | |
|---|---|---|---|---|---|
| 字母 | 含义 | 字母 | 含义 | 字母 | 含义 |
| A | N 型锗材料 | P | 普通管 | S | 隧道管 |
| B | P 型锗材料 | W | 稳压管 | U | 光电管 |
| C | N 型硅材料 | Z | 整流管 | N | 阻尼管 |
| D | P 型硅材料 | K | 开关管 | L | 整流堆 |

4. 二极管的主要作用

利用二极管的单方向导电性，可以将它接在交流电路中，与直流负载串联，就可以将交流电变成直流电，通常称为二极管整流，这是二极管的主要作用。

二极管整流电路的种类很多，按所使用的电源相数分类，可分为单相整流电路和三相整流电路；按从直流负载上所获得的整流波形来分类，可分为半波整流和全波整流。其中单相桥式（全波）整流电路作为负载不大的单相用电设备（如收音机、电视机等）电源电路的重要部分。

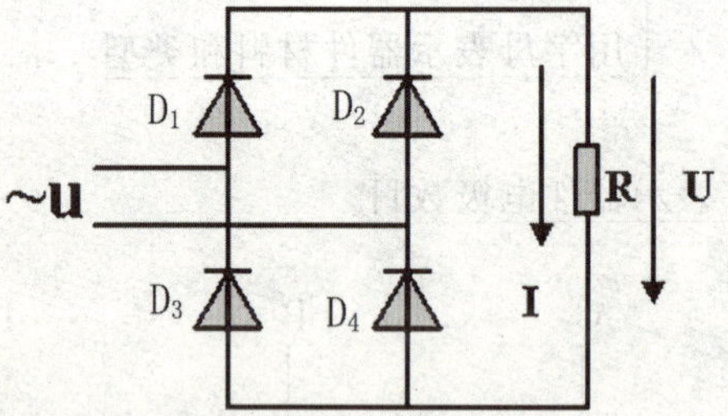


图 1-5　单相桥式整流电路

单相桥式整流电路是由四个相同的二极管接成电桥形式，如

图 1-5 所示。通过四个二极管的整流作用，在交流电的正、负每半个周期内，都可以使直流负载获得脉动直流电的波形。整流后的直流电压值比半波整流高，脉动小，供要求不高的直流负载使用。

## 二、稳压二极管（简称稳压管）

1. 稳压管

稳压管是一种特殊的面接触型硅二极管。由于它在电路中与适当电阻配合，能起到稳定电压的作用，因此称为稳压管。

2. 稳压管的基本结构

稳压管的结构与普通二极管相似，但是在制造工艺上不同。当它承受一定的反向电压时，就会反向击穿。这种反向击穿不会使稳压管损坏，反而使稳压管两端的电压不变，起到稳定电压的作用。因此稳压管不是工作于正向导通，而是将它反向连接在电路中，与负载并联，稳定负载电压。稳压管的反向击穿电压就是稳压管的稳定电压值，通常这个电压比二极管所能承受的反向电压要低很多，普通二极管如发生反向击穿就会击穿损坏。这是稳压管与二极管的主要区别。

3. 稳压管的图形符号和文字符号

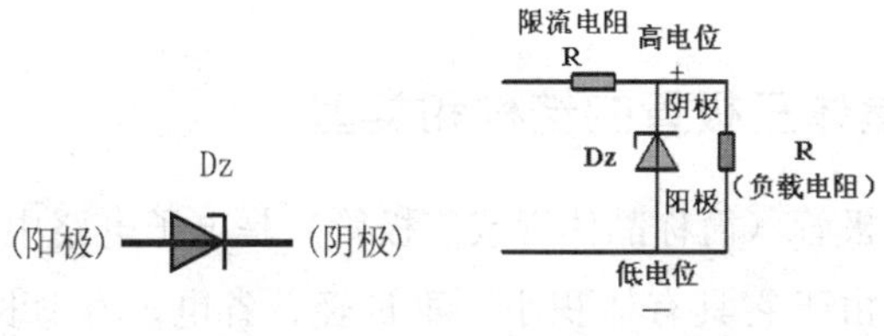


(a) 稳压管的图形符号　　(b) 稳压管的简单稳压电路

**图 1-6　稳压管的图形符号及简单稳压电路**

稳压管的图形符号与普通二极管的图形符号相似，不过在阴极处是一个直角垂直线。如图 1-6 所示。文字符号为 Dz。这里一定要注意两点：一是稳压管一定要与电阻（限流电阻）相配合；另一点是稳压管在电路中一定是反向连接，并且与负载并联，才能起到稳定电压的作用。

将二极管整流电路（单相桥式整流电路）后，接入电容 C 滤波，再接入简单稳压电路，就可以构成一个简单的直流稳压电源。将交流电～u 整流成脉动直流电，再经过电容 C 滤波，将脉动直流电中的交流成分滤掉，最后经过简单稳压电路，就可以将交流电变成比较平直的直流电，供直流负载使用。电路如图 1-7 所示。

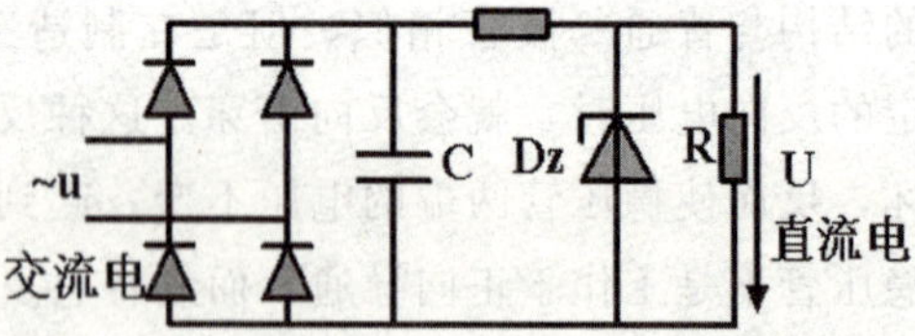


图 1-7　简单的直流稳压电源

## 第三节　晶体三极管

### 一、晶体三极管的结构和类型

晶体三极管（简称晶体管或三极管）是电子电路中的重要半导体器件。由于它具有体积小、重量轻、省电、寿命长等优点，在无线电技术、计算机、自动控制等方面得到广泛应用。

1. 晶体三极管的内部结构

晶体三极管具有两个 PN 结、三个区，从三个区中引出三个电极，故称三极管。三个区分别为发射区、基区和集电区。两个PN结是发射结、集电结，发射结即基区与发射区之间的PN结，集电结即集电区与基区之间的PN结。从三个区中分别引出三个电极即发射极E（或e)、基极B（或b)、集电极C（或c)。根据P、N型的组合方式不同分为PNP型和NPN型两种，如图1-8所示，文字符号用T来表示。

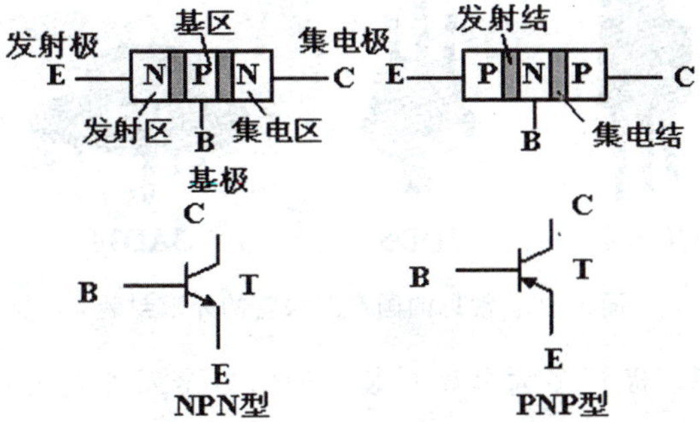


图1-8　晶体三极管的结构示意图及图形和文字符号

2. 晶体三极管的种类

晶体三极管的种类很多。按信号频率可分为高频管、低频管；按照功率大小不同可分为小功率管、大功率管；按照材料不同又可分为硅管和锗管。常见外形及封装形式见图1-9所示。

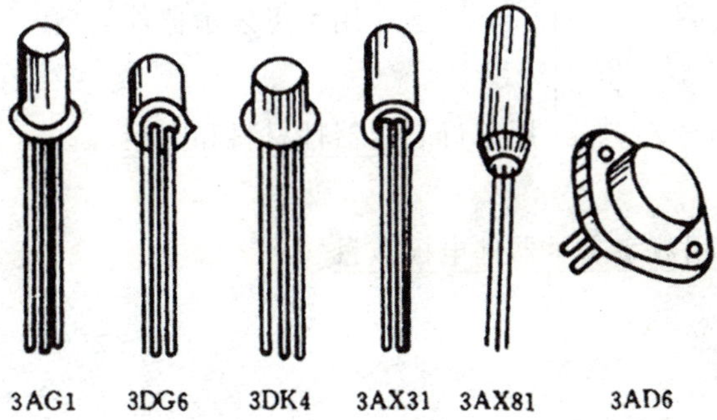

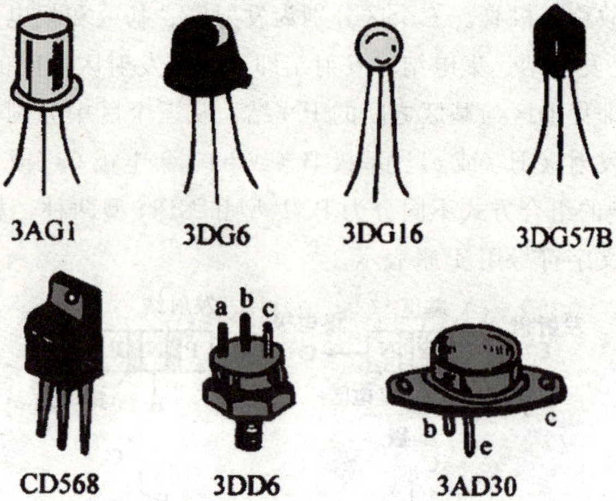


图 1－9　常见的国产三极管的外形封装

一般大功率三极管多为金属封装，通常以金属外壳为集电极 C，直接拧在电路板上，利于散热。

3. 晶体三极管的型号表示

第一部分　第二部分　第三部分　第四部分

- 第四部分：用数字表示器件序号
- 第三部分：用字母表示器件类型
- 第二部分：用字母表示器件材料和类型
- 第一部分：用数字表示器件电极数目

如 3　A　G　1

- 3：三极管
- A：PNP 型锗材料
- G：高频小功率
- 1：器件序号

**表 1-2　型号中第二部分和第三部分字母的含义**

| 第二部分 | | 第三部分 | | | |
| --- | --- | --- | --- | --- | --- |
| 字母 | 含义 | 字母 | 含义 | 字母 | 含义 |
| A | PNP 型锗材料 | P | 普通管 | S | 隧道管 |
| B | NPN 型锗材料 | W | 稳压管 | U | 光电管 |
| C | PNP 型硅材料 | Z | 整流管 | N | 阻尼管 |
| D | NPN 型硅材料 | K | 开关管 | L | 整流堆 |
| | | V | 微波管 | C | 参量管 |
| | | X | 低频小功率管 | G | 高频小功率管 |
| | | D | 低频大功率管 | A | 高频大功率管 |

4. 晶体三极管的电流放大作用

接在放大电路中的晶体三极管，具有电流放大作用，即流过集电极的电流（称集电极电流）$i_c$，比流过基极的电流（称基极电流或俗称偏流）$i_b$ 大 β 倍。β 就是三极管的电流放大系数，用公式表示：

$\beta = i_c / i_b$　　（式 1-1）

通常 β 值从几十到几百，对于锗低频大功率管，β 值为 20～140。硅低频大功率管如 3CD 系列的 β 值，从几十至 400，通常在三极管的管壳顶端标上色点，表示它的电流放大系数 β 值。

如 3CD 系列的 β 值的色点分档标记：

0 —15—25—40—55—80—120—180—270—400

棕 红 橙 黄 绿 蓝 紫 灰 白 黑

3AD 系列的 β 值的色点分档标记：

20—30—40—60—90—140

棕 红 橙 黄 绿

一般来讲，并不是 β 值越大的三极管性能就越好，往往 β 值大的三极管在工作时性能不很稳定，所以还应考虑三极管的性能、质量及极限参数。通常希望晶体管的穿透电流 ICEO 越小越好，工作就会比较稳定。

## 二、简单的晶体管放大电路

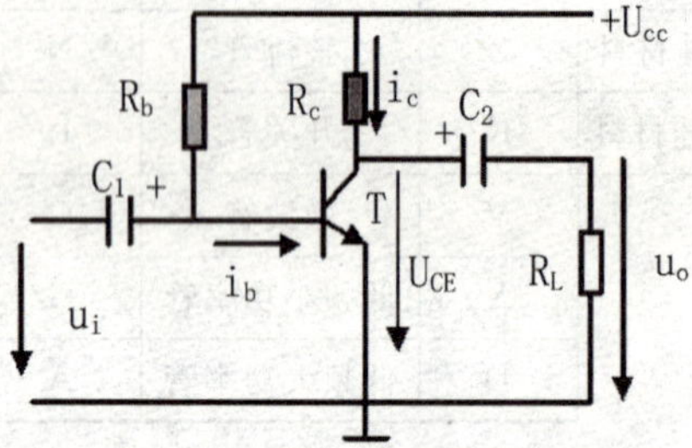


**图 1－10 简单的晶体管放大电路**

1. 放大电路的基本组成及各元件的作用

在晶体管放大电路中，输入信号 $u_i$ 通过耦合电容 $C_1$ 加到三极管的基极和发射极上，因此基极回路称放大电路的输入回路。

(1) 输入回路中，直流电源＋$U_{cc}$经电阻 $R_b$ 使晶体三极管的发射结正向偏置（即加正向电压），提供适当大小的基极电流 $i_b$，可使晶体三极管工作在放大区域内。$R_b$ 称基极电阻或偏置电阻，它的作用是提供适当的基极电流 $i_b$（或称偏流），通常为几十千欧到几百千欧。

（2）输出回路也称集电极电路，由直流电源$+U_{cc}$、电阻$R_c$、晶体管集电极C与发射极e之间的电路组成。$R_c$称集电极电阻，它的主要作用是将晶体管的电流放大作用转化为电压放大，通常为几千欧到几十千欧。

（3）输出信号$u_o$从集电极输出，通过耦合电容$C_2$提供给负载$R_L$，输出电压的大小为输入电压乘上电路的电压放大倍数，如公式1－2所示，实现信号的放大。电容$C_1$、$C_2$称耦合电容，它实现放大电路与前、后极电路的连接，隔断直流电路，使信号源、放大电路及负载互不干扰，同时起交流耦合作用，沟通信号源、放大电路和负载之间的交流道路，保证所需放大的交流信号$u_i$畅通无阻地经过放大电路到达输出端。因此耦合电容对交流信号视为短路，其电容值C一定要较大，一般带极性的电解电容为几微法到几十微法，接线一定正确，注意电解电容的极性。

输出电压$u_o$：

$U_o=A_uU_i$　　　（式1－2）

其中：

$A_u$：电压放大倍数；

$U_i$：输入电压。

（4）直流电源$E_c$（$+U_{cc}$）：提供放大电路的能量。由于在放大电路中，通常把公共端（如晶体三极管的发射极e）接“地”作为“零电位”，因此直流电源$E_c$的负极接“地”可不必画出，只在连接其$E_c$正极的一端标出直流电源对“地”的电压值$U_{cc}$和极性（“＋”或“－”），忽略电源内阻，则$U_{cc}=E_c$。

2. 在放大电路中晶体三极管的工作情况

晶体三极管在放大电路中，应工作在放大区，这样才能不失真的放大输入信号。如何使它工作在放大区？就应合理的选择基

极电阻 $R_b$、集电极电阻 $R_c$、晶体三极管的电流放大系数 β 值，正确设计电源电压 $U_{cc}$，使晶体三极管的发射结承受正向电压（称正向偏置，简称正偏），而集电结承受反向电压（称反向偏置，简称反偏）。

在电路中如何判断晶体三极管是否工作在放大区？一种方法是：在放大电路正确连接下，接通直流电源，用万用表的直流电压挡位，测量晶体三极管的集电极与发射极之间的直流电压（通常称管压降）$U_{CE}$。如管压降 $U_{CE}$ 约等于电源电压的一半左右，则该管应工作在放大区内；如管压降 $U_{CE}$ 接近电源电压 $U_{cc}$，则该管的工作点接近截止区，放大的信号会出现截止失真，称完全截止，晶体三极管相当于开关断开；如管压降 $U_{CE}$ 很小（小于等于 0.3V），则该管的工作点位于或接近饱和区，放大的信号会出现饱和失真，如完全饱和，晶体三极管相当于开关闭合。

如晶体三极管不是工作在截止区就是工作在饱和区，即在这两个区内转换。这种工作状态称开关状态，主要应用于数字电路。

## 三、多级放大电路

多级放大电路是由几个单管放大电路经过耦合电路而连接起来，通常由输入级、中间级及输出级构成。输入级与信号源或前级放大电路相连接，中间级通常为电压放大电路，应不失真地放大输入信号，输出级则与负载相连接，通常为功率放大电路，以推动负载工作。多级放大电路的方框图如图 1－11 所示。

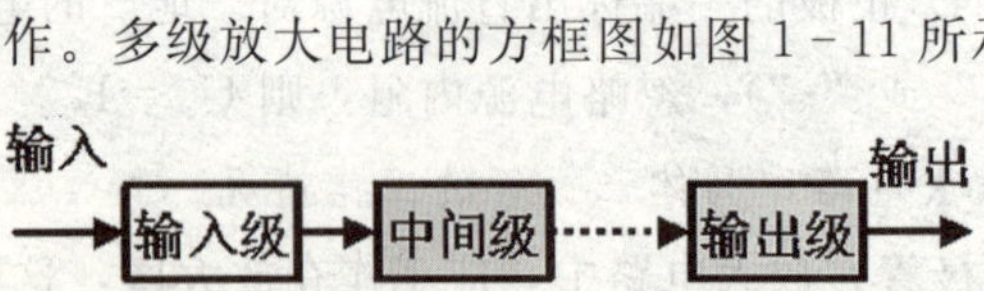


图 1－11　多级放大电路的方框图

# 第四节　晶闸管

晶闸管是一种新型的大功率的半导体器件，通常称电力电子器件。它不仅具有单方向导电性，而且是一种可以控制的硅整流元件，因此有时也称它为可控硅。

目前半导体器件正向两个方面迅速发展，一方面是向集成电路方面发展，形成微（弱）电子学；另一方面则向电力半导体器件方面发展，形成电力（强）电子学。晶闸管正是用弱电去控制强电，起到了弱电控制强电大功率输出的桥梁作用。

晶闸管从出现到现在短短几十年得到广泛应用，说明它有一系列的优点及特点。

## 一、晶闸管的主要特点

1. 功率放大倍数很大，达几十万倍。用很小的功率（电流：10mA～200mA、电压：2V～4V）可控制很大的功率（电流：10A～10000A，电压：100V～10000V)，功率放大倍数很大，达几十万倍。

2. 控制灵敏，反应快，损耗小，效率高，体积小，重量轻。

3. 主要缺点是过载能力弱，需在电路上进行过电流、过电压保护。另外，控制电路比较复杂，对维修人员的技术水平要求高。

## 二、普通晶闸管的结构和符号

晶闸管是由四层半导体、三个 PN 结、三个电极所组成。如图 1-12 所示。它由 P1、N1、P2、N2 四层半导体形成三个 PN 结，分别从 P1、P2、N2 引出三个电极，即阳极 A、控制极 G 和阴极 K，文字符号用 VS 表示，图形符号与二极管相似，不过在阴极 K 旁边画出控制极 G。见图 1－12 所示。

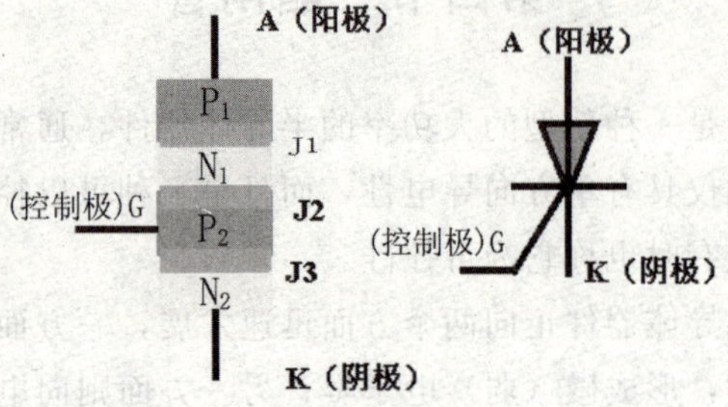


图 1－12 晶闸管的结构示意图及图形符号

1. 主要种类

普通晶闸管的外形有螺旋式和平板式两种。螺旋式晶闸管的螺旋一端是阳极 A，使用时将它拧紧在散热器上，另一端粗引线是阴极 K，而细引线是控制极 G，控制极 G 与阴极 K 靠近。螺旋式晶闸管通常可通过 100A 以下的电流。

平板式晶闸管的中间金属环是控制极 G，离控制极近的一面是阴极 K，远的一面是阳极 A，使用时把晶闸管夹在两个散热器中间，散热效果好，可以通过大于 200A 以上的电流。如图1－13 所示。

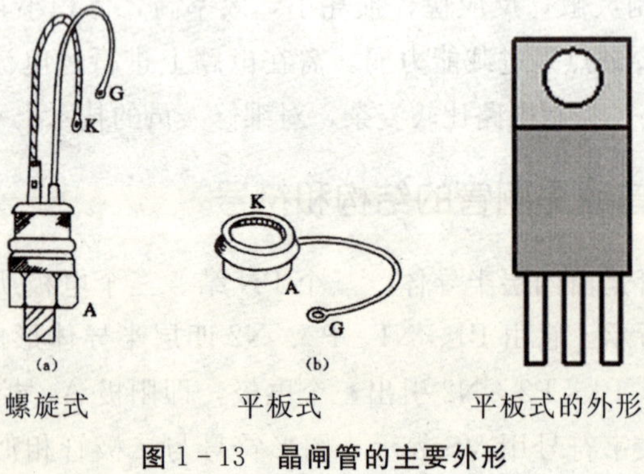


螺旋式　　平板式　　平板式的外形

图 1－13 晶闸管的主要外形

除普通晶闸管外，还有一些特殊晶闸管，如双向晶闸管，它是一种三端子 NPNPN 元件，它有两个阳极，分别为阳极 1（用 $MT_1$ 表示）、阳极 2（用 $MT_2$ 表示）和控制极 G；通常以用 $MT_1$ 作为电压测量的基准点，相当于两只普通晶闸管反并联。如图 1－14所示。

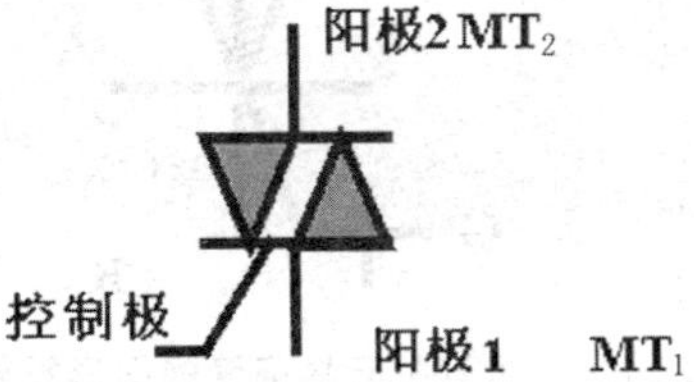


图 1－14　双向晶闸管的图形符号

双向晶闸管可直接工作于交流电源，它的控制极相对于交流电源的两个正、负半周都可以触发导通，因此可直接进行交流调压。如图 1－15 所示，电路为台灯亮、暗的调光电路，改变触发电路的触发时间，即调节台灯亮、暗的旋扭，就可以改变灯泡的亮、暗程度。因此它在交流调压和交流开关电路中应用很多，可以减少使用元件，简化触发电路、降低成本。

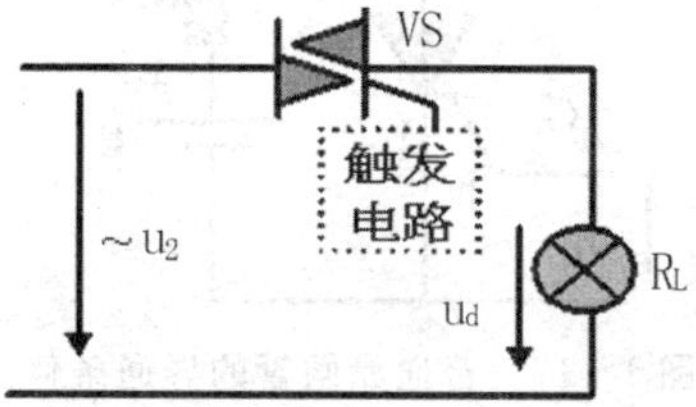


图 1－15　台灯亮、暗的调光电路

可关断晶闸管也是一种 PNPN 半导体器件，它的结构与普通晶闸管相似，所不同的是它的触发极不像普通晶闸管只能触发晶闸管导通，不能使晶闸管截止，而是既可控制元件的导通又可控制元件关断，只是需要比较大的触发电流约 20mA，普通晶闸管的触发电流约为 30μA。在图形符号上，只是在控制极 G 处，画一个短垂线。如图 1-16 所示。

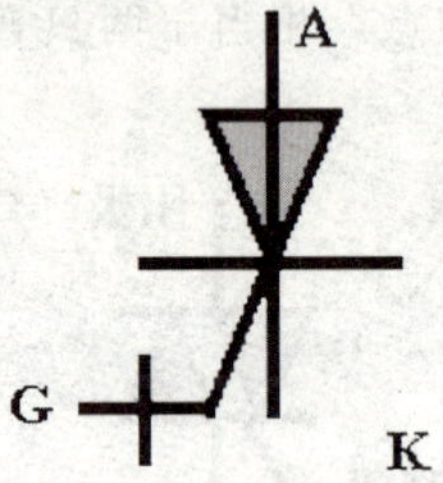


图 1-16　可关断晶闸管的图形符号

2. 普通晶闸管的导通条件

普通晶闸管导通必须同时具备两个条件，即：

（1）阳极 A 和阴极 K 之间（称阳极电路）加正向电压 Ea；

（2）控制极 G 与阴极 K 之间（称控制极电路）加适当正向触发电压，通常为正向触发脉冲信号 ug。如图 1-17 所示。

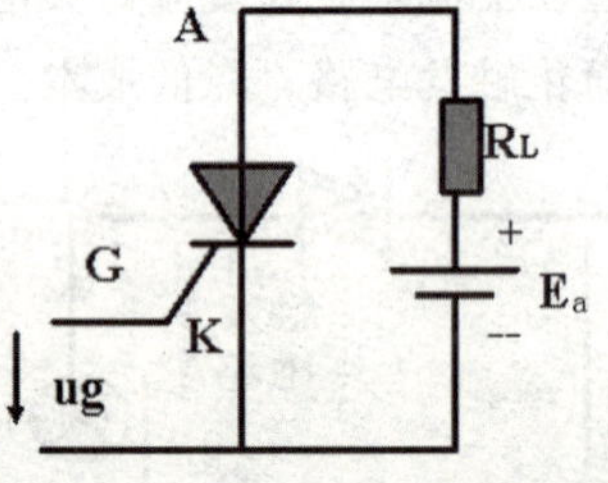


图 1-17　普通晶闸管的导通条件

晶闸管一旦导通后，它的正向压降约为 1V 左右；普通晶闸管导通后，控制极就失去控制作用，即普通晶闸管的控制极，仅仅使晶闸管触发导通不能控制晶闸管截止。这一点与可关断晶闸管不同。

3. 晶闸管的型号

晶闸管的型号由字母和数字组成，普通晶闸管有两种表示：

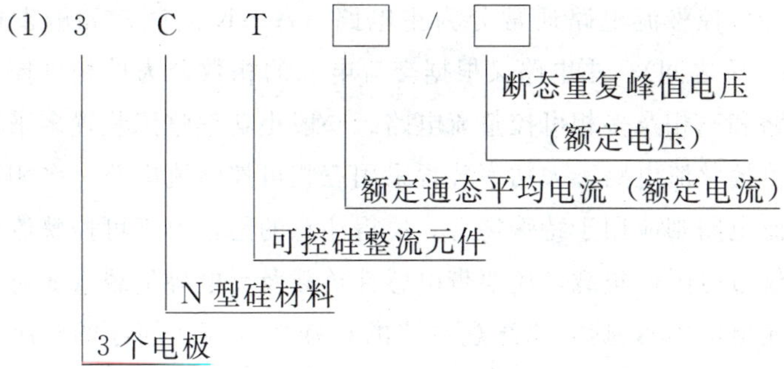


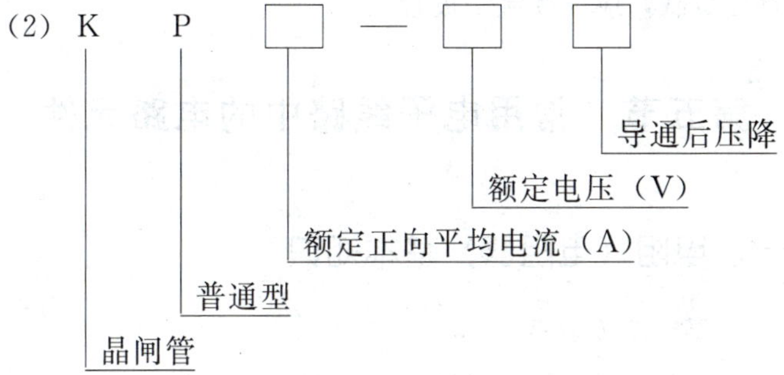


其中：

第二部分字母含义：P—普通型、K—快速型、S—双向型。

第三部分数字含义：从 1A～1000A 共有 14 种规格；

第四部分数字含义：在 1000V 以下的每 100V 为 1 级；

在 1000V～3000V 的每 200V 为 1 级。

第五部分数字含义：共 9 级用 A～I 字母表示（0.4～1.2）V（100A 以下不标出）。

4. 晶闸管的主要作用

普通晶闸管应用最广泛的就是可控整流电路，它与二极管的整流电路不同的是，二极管整流电路的直流电压不可调，而晶闸管的直流电压是可以调节的，由控制极触发信号的触发时间来控制。

可控整流电路通常分为主电路（A－K之间）和触发电路（G－K之间）。主电路又根据交流电源的相数分为单相可控整流电路和三相及多相可控整流电路。一般小功率整流装置多采用单相可控整流电路，大功率装置采用三相可控整流电路，多相可控整流电路则应用于特殊场合。值得注意的是，由于可控整流电路不仅带电阻性负载，还要带电感性负载及反电势负载（如对蓄电池充电电路），这时要注意电路的特殊性及存在问题的解决（如带电感性负载，应加续流二极管）。

## 第五节　常用电子线路中的电路元件

### 一、电阻（电阻器）基本知识

1. 主要种类及符号

普通电阻的图形符号很简单，见图1－18所示，文字符号用R来表示。

电阻的种类很多，按材料不同分类，有绕线式电阻、金属膜电阻、光敏电阻、热敏电阻等；按结构不同分类可分为固定电阻和可变电阻；按外形和使用不同分类有分流电阻、分压电阻、色环电阻、精密电阻、微调电位器、退拉式电位器、旋转电位器、直流电位器等等。部分电阻器见图1所示。

(a) 电阻　　(b) 电位器

图1－18　电阻及电位器的图形及文字符号

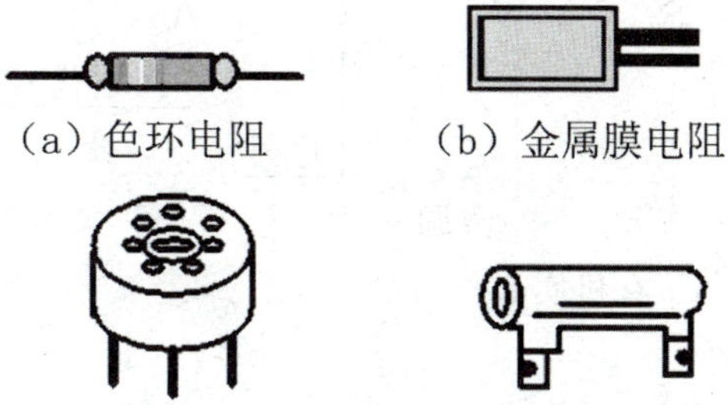

（a）色环电阻　（b）金属膜电阻

（c）微调电位器　（d）绕线电阻

**图 1　常用电阻器、电位器的外形**

2. 国产电阻和电位器的型号表示

电阻器的型号表示分为四部分：

第一部分　第二部分　第三部分　第四部分

- 第四部分：用数字表示序号
- 第三部分：用数字或字母表示分类
- 第二部分：用字母表示器件材料
- 第一部分：用字母表示器件主称；R 表示电阻器、W 表示电位器

如 R　J　2　1

- 1：序号
- 2：普通
- J：金属膜
- R：电阻

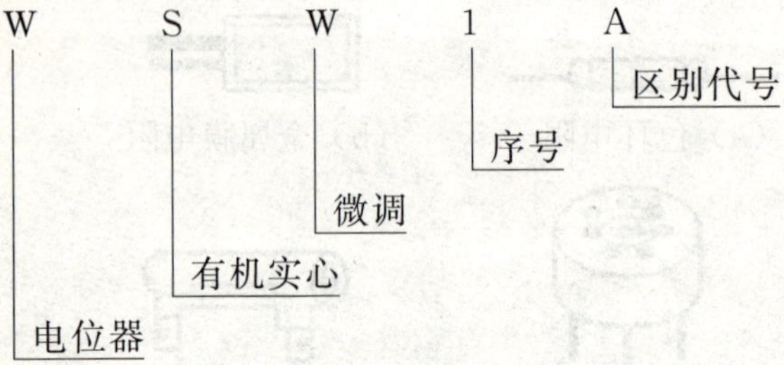


表 1-3　　国产电阻器型号的主要组成部分

| 第二部分 | | 第三部分：数字或字母的含义 | | | |
|---|---|---|---|---|---|
| 字母 | 材料 | 数字 | 含义 | 字母 | 含义 |
| S | 有机实心 | 1 | 普通式 | X | 小型式 |
| N | 无机实心 | 2 | 普通式 | W | 微调式 |
| T | 碳膜 | 3 | 超高频 | T | 可调式 |
| H | 合成膜 | 4 | 高电阻 | G | 高功率 |
| J | 金属膜 | 5 | 高温式 | R | 耐热式 |
| C | 沉积膜 | 6 | 无含义 | D | 多圈式 |
| Y | 氧化膜 | 7 | 精密式 | J | 精密式 |
| I | 玻璃釉膜 | 8 | 高压式 | L | 测量式 |
| X | 绕线式 | 9 | 特殊式 | 8 | 特种函数 |

3. 国产电阻器的标称值（阻值）表示法

电阻器不仅有型号表示，而且还应表示出电阻值的大小，通常称标称阻值（简称标称值）。一般有 3 种标示方法：直标法、色标法和文字符号法。

（1）直标法：在电阻的表面直接标出阻值及单位允许偏差。

如图 1-19 所示。

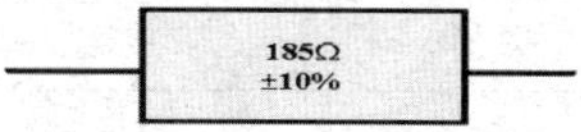


图 1-19　电阻阻值的直标法

注：电阻阻值单位及换算如下。

欧姆　Ω

千欧 kΩ　1k ⟷ $\Omega = 10^3 \Omega$

兆欧 MΩ　1M ⟷ $\Omega = 10^6 \Omega$

吉欧 GΩ　1G ⟷ $\Omega = 10^9 \Omega$

太欧 TΩ　1T ⟷ $\Omega = 10^{12} \Omega$

(2) 色标法：色标法是指用不同颜色环来表示不同的标称阻值和允许偏差，常见的色环有四条或五条。即在电阻表面画出几条不同颜色的条纹，色环从离电阻近的一端开始数它的环数。

普通电阻器通常为四条色环，其中第一、第二条色环表示为两位数的电阻值，第三条色环表示的数是乘上以 10 为底的指数，第四条色环表示电阻的允许偏差。

不同颜色的色环所表示的数值及允许偏差见表 1-4。

表 1-4　不同颜色的色环所表示的数值及允许偏差

| 色环 | 数值 | 乘数 | 允许偏差% |
|---|---|---|---|
| 白色 | 9 | $10^9$ | +50/-20 |
| 灰色 | 8 | $10^8$ | |
| 紫色 | 7 | $10^7$ | ±0.1 |
| 蓝色 | 6 | $10^6$ | ±0.25 |
| 绿色 | 5 | $10^5$ | ±0.5 |
| 黄色 | 4 | $10^4$ | |

续表

| 色环 | 数值 | 乘数 | 允许偏差% |
|---|---|---|---|
| 橙色 | 3 | $10^3$ | |
| 红色 | 2 | $10^2$ | ±2 |
| 棕色 | 1 | $10^1$ | ±1 |
| 黑色 | 0 | $10^0$ | |
| 金色 | | $10^{-1}$ | ±5 |
| 银色 | | $10^{-2}$ | ±10 |
| 无色 | | | ±20 |

如图 2，四条色环电阻的颜色标示为：黄色、橙色、红色、蓝色。

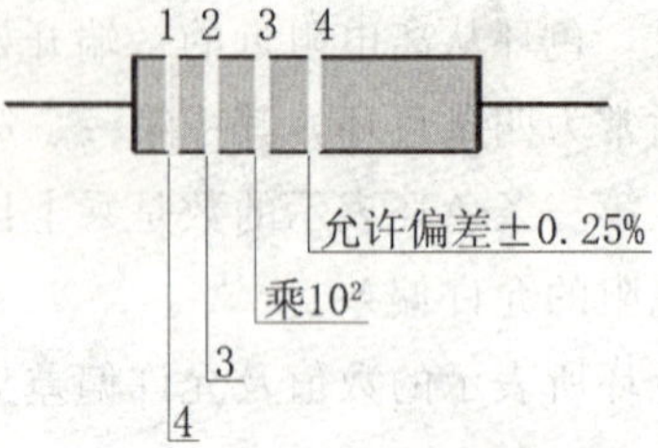


1. 黄色　2. 橙色　3. 红色　4. 蓝色

图 2　四条色环电阻的色标

该电阻为：$43\times10^2\Omega=4.3\text{k}\Omega$，允许偏差为±0.25%。

精密电阻器通常为五条色环，第一、二、三条色环表示的是三位有效数，第四条色环为乘上以 10 为底的指数，第五条色环表示电阻的允许偏差。如图 3，五条色环电阻的颜色标示为：绿色、紫色、黑色、蓝色、橙色。

即该电阻值为：$570\times10^6=570\text{M}\Omega$，允许偏差±5%。

（3）文字符号法：用文字、数字及数字符号有规律地组合在

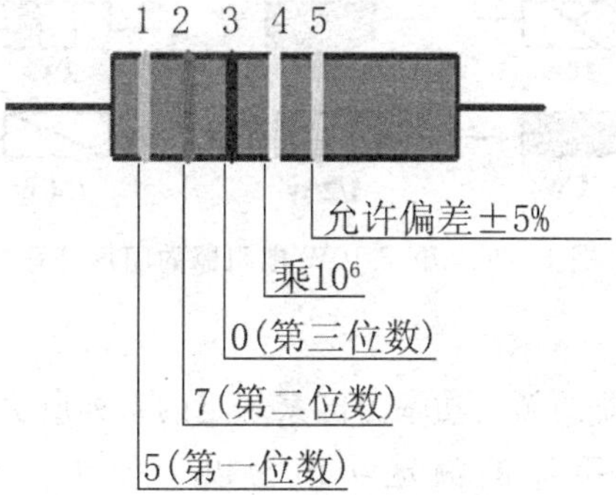


图3 五条色环电阻的色标

一起，标示在电阻器的表面，表示电阻的阻值。通常电阻单位的字母符号，不仅表示电阻的单位、而且代表小数点的位置。

如：标示Ω55——阻值0.55Ω

5Ω1——5.1Ω

2M3——2.3MΩ

3G5——3.5MΩ

4. 电阻器的额定功率

我们选择电阻器时，不仅选择它的电阻值，同时还要选择它的额定功率即它的瓦数。额定功率是电阻器的主要参数之一，它指在规定的标准条件下（指标准大气压及规定的温度）长期连续工作时，所允许消耗的最大功率。如果加在电阻器上的电压与通过电阻器的电流的乘积（即实际消耗功率）大于额定功率就会烧坏电阻器，因此在选择电阻器时一定要考虑并选择电阻器的额定功率。

(1) 通常小于10W的电阻器用电阻器的图形符号来表示。

见图1-20。

(2) 大于10W的电阻器用阿拉伯数字加单位表示，如25W、

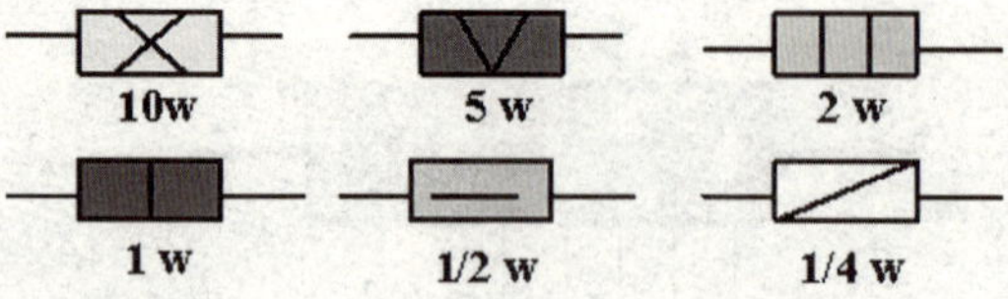


图 1－20　小于 10W 电阻器的图形符号

50W 等。

通常电阻器的额定功率由国家规定的系列所决定。

非绕线电阻器的额定功率为以下等级、单位为（W）：0.005、0.125、0.25、1、2、5、10、16、25。

绕线电阻器的额定功率系列为以下等级、单位为（W）：0.05、0.125、0.25、1、2、4、8、10、16、25、40、50、75、100、150、250、500。

5. 电阻器的主要作用

电阻器在各种电子电路中应用很多，通常为限制电流（简称限流）作用，称限流电阻。并联电阻可起到分流作用，串联电阻可起到分压作用，与稳压管配合使用可起到稳定电压的作用，还可以通过电流在电阻上的压降将电流转换成电压，称电流—电压转换器等。

电位器在电路中可进行各种调节，达到不同的作用和目的。如调零电位器、调平衡电位器、调压电位器等。

## 二、电容器

1. 电容器的主要作用

电容器是一种储存能量的元件。它是电子电路的基本组成元件之一。它在电子电路中起隔断直流、通过交流的作用（通常称隔直通交），也可以在多级放大电路中起耦合作用，也可作为交流旁路电容出现。在滤波电路中可进行滤波，将脉动的直流波形中的交流成分滤掉，使直流脉动电压更加接近平直的直流电。在振荡电路中，可通过 RC 电路确定振荡频率等。因此，了解电容器的种类、表示方法及判断选择是很重要的。

2. 图形和文字符号

电容器的图形符号很简单，见图 1－21（a）所示，文字符号是用“C”来表示，可变电容器的图形符号再加上一个“斜线”即可，如（b）图所示。

（a）固定电容　　（b）可变电容

**图 1－21　电容器的图形和文字符号**

3. 电容器的主要种类

电容器的种类很多，新品种不断出现。通常按材料不同，可分为空气电容器、纸介电容器、金属膜电容器、云母电容器、陶

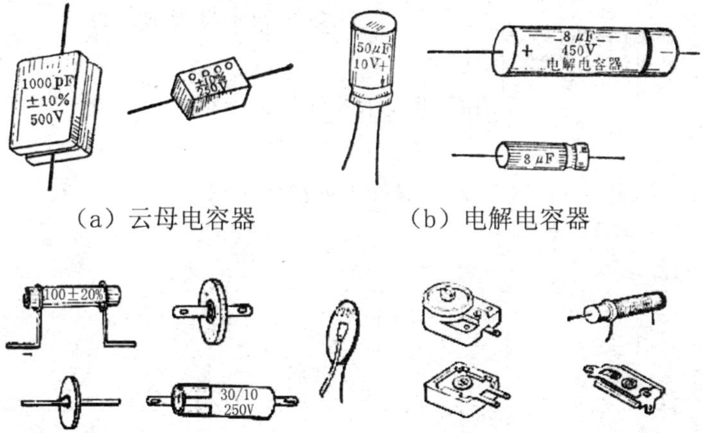


（a）云母电容器　　（b）电解电容器

（c）陶瓷电容器　　（d）单可变电容器

**图 1－22　常用电容器的外形**

瓷电容器、铝电解质、合金电解质、泥电解质，及涤纶或聚碳酸酯有机膜等；按电解质形状不同，又可分为固体电解质及液体电解质；按结构和电容量是否可变分类，可分为固定电容器、可变电容器和半可变电容器；按电容器的极性来分，可分为有极性的电解电容器和无极性的电容器；按电容器的标称容量不同，有法拉（F）、微法（μF）、皮法（pF）等。按用途不同分类，种类更多，这里不一一列举。

常用电容器的外形如图 1－22 所示。

4．电容器的型号

电容器的型号通常写在电容器的表面上，一般由四部分组成。

第一部分　第二部分　第三部分　第四部分

- 第四部分：用数字表示序号
- 第三部分：用数字或字母表示分类
- 第二部分：用字母表示器件材料
- 第一部分：用字母“C”表示器件主称即电容器

如 C　Z　G　1

- 1：序号
- G：高功率
- Z：纸介质
- C：电容器

型号中的第二、第三部分字母、数字所表示的含义见表1-5、1-6、1-7。

**表1-5　第二部分字母所表示的含义**

| 字母 | 含义 | 字母 | 含义 |
|---|---|---|---|
| A | 钽电解质 | N | 铌电解质 |
| B | 聚苯乙烯有机膜 | O | 玻璃釉 |
| C | 高频瓷 | Q | 漆膜 |
| D | 铝电解质 | T | 纸频瓷 |
| E | 电解质 | V | 云母纸 |
| G | 合金电解质 | Y | 云母 |
| H | 复合介质 | Z | 纸介质 |
| I | 玻璃釉 | BF | 聚四乙烯有机膜 |
| J | 金属化纸 | LS | 聚碳酸酯有机膜 |
| L | 极性有机膜 | | |

**表1-6　第三部分字母含义**

| 字母 | 含义 |
|---|---|
| G | 高功率 |
| W | 微调 |

**表1-7　第三部分数字含义**

<table>
<tr><th rowspan="2">数字</th><th colspan="4">含义</th></tr>
<tr><th>瓷介</th><th>云母</th><th>有机</th><th>电解</th></tr>
<tr><td>1</td><td>圆介</td><td colspan="2">非密封</td><td>箔式</td></tr>
<tr><td>2</td><td>管型</td><td colspan="2">非密封</td><td>箔式</td></tr>
</table>

续表

| 数字 | 含义 | | | |
| --- | --- | --- | --- | --- |
| | 瓷介 | 云母 | 有机 | 电解 |
| 3 | 叠片 | 密封 | | 液体 |
| 4 | 独石 | 密封 | | 固体 |
| 5 | 穿心 | | 穿心 | |
| 6 | 支柱 | | | |
| 7 | | | | 无极性 |
| 8 | 高压 | 高压 | 高压 | |
| 9 | | | 特殊 | 特殊 |

注：该表对可变电容器和真空电容器不适用。

5. 电容器的标称值及标称方法

电容器表面不仅标有型号，还要注明电容器的标称值及耐压值。标称值就是电容器的电容量，表示电容器的容量大小，单位用法拉表示，字母为F；而耐压值是电容器所能承受的最大电压值。电容量的不同单位换算如下：

1 毫法（1mF）$=10^{-3}$F

1 微法（1μF）$=10^{-6}$F

1 纳法（1nF）$=10^{-9}$F

1 皮法（1pF）$=10^{-12}$F

其中，微法（μF）及皮法（pF）单位应用较多。

电容量的标称方法与电阻相类似，一般用直标法、文字符号法和色标法来表示。

（1） 直标法

将电容量及偏差值（或称误差）、耐压值等，直接标在电容器的表面上。如图 1－23 所示。

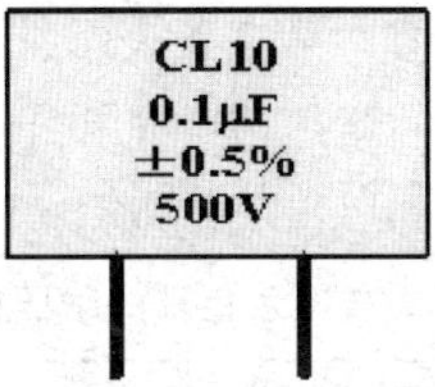


图 1-23 电容器电容量的直标法

表示该电容器电容量为 0.1μF、偏差为 ±0.5%、耐压为 500V。

（2）文字符号法

有时用文字符号标出电容量，与电阻类似。用文字、数字及数字符号有规律地组合在一起，标示在电容器的表面，表示电容器的电容值。通常电容单位的字母符号不仅表示电容的单位，而且代表小数点的位置。

如：0.55P 则标成 P55，即 0.55pF；2.5P 则标成 2P5，即 2.5pF

（3）色标法

在电容器的表面，采用不同的色环或色点来表示电容量。这一点与电阻的色标法相同。

电容器的色环表示法有卧式和立式两种，卧式与电阻的色环表示相同，如图 4 所示。立式则有用色环表示，有的则用色点来表示电容量，如图 5 所示。

图 4 电容器的色环表示法

电容器的色环表示基本同电阻的色环表示相同，各颜色的含义见表 1-4 电阻色环含义，不过对于电容来说第一、第二条色环表示第一、第二位数值，第三条表示乘数，第四条表示允许偏差，第五条表示电容器的耐压值。见表1-8。

表1-8　　各颜色色环的耐压值

| 颜色 | 橙 | 黄 | 绿 | 蓝 | 紫 | 灰 | 白 | 黑 | 金 |
|---|---|---|---|---|---|---|---|---|---|
| 耐压/V | 4 | 6.3 | 10 | 16 | 25 | 32 | 40 | 50 | 63 |

因此图4电容器表示：标称值为0.01μF，允许偏差为±10%，耐压值为63V。

立式色环及色点的表示如图5所示。其中（a）图中最上面的宽的红色环代表两位数字22，第二条蓝色环表示乘数$10^6$（单位：pF），第三条金色环代表允许偏差±5%。该电容器的电容值为22μF。

（b）图中第一、二色点表示26，第三色点表示乘数$10^4$（单位：pF），第四个黄色点代表允许偏差±0.1%。该电容器的电容值为0.26μF。

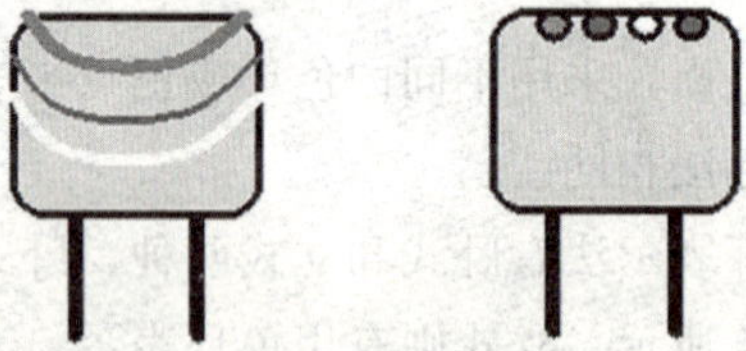

（a）色环表示　　（b）色点表示

图5　立式电容器的色环、色点表示法

## 三、电感器（电感）

1. 图形及文字符号

在大多数情况下，电感器就是由一个线圈组成，因此又称为电感线圈。电感也是一种储能元件，能产生电磁感应。在实际应用中，电感可以是空心线圈，也可用碳性材料做它的磁芯，称铁芯，以增大它的电感量。

电感器的图形符号很简单，即画一个线圈，带铁芯的在线圈上画一横线，文字符号用电感量 L 表示。如图 1－24 所示。

（a）空心线圈　　（b）带铁芯的线圈

**图 1－24　电感器的图形符号**

2. 电感器的结构和种类

电感器的种类也有很多。按电感量的变化与否，可分为固定电感和可变电感及微调电感；按是否有铁芯来分类，可分为空心线圈、带铁芯线圈或带屏蔽罩的线圈（如中频变压器）；按线圈的种类不同，可分为单层线圈、多层线圈及蜂房线圈。

电感线圈主要由绕组、骨架、铁芯及屏蔽罩等组成；有的甚至无骨架，如短波或超高频段的线圈，就是一个空心线圈。常用电感器的外形如图 1－25 所示。

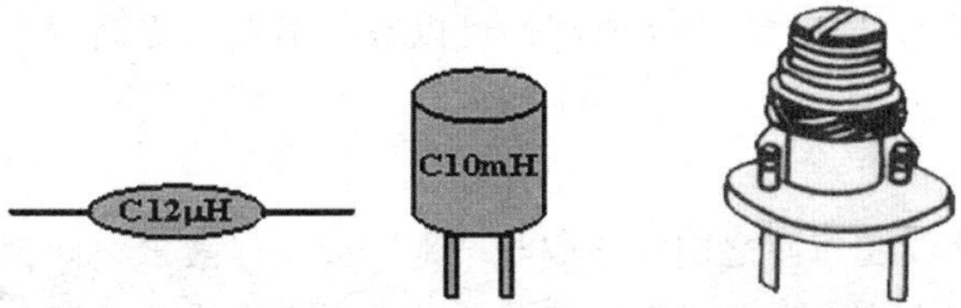


（a）小型固定电感　　（b）可调电感

**图 1－25　常用电感的外形**

电感器的绕组大多数是由不同规格的绝缘导线，如漆包线、电磁线等缠绕制成。其中：

（1）单层线圈的电感量比较小，约在几微亨至几十微亨，主要应用于需电感L较小的高频电路中。

（2）多层线圈的电感量比较大，大于300微亨。由于多层线圈之间有分布电容存在，各层的电压差也较大，容易造成绝缘击穿，或发生“跳火”现象，目前应用较少。为克服多层线圈的缺点，减小分布电容，可制成蜂房线圈。

3. 电感器的主要数据

电感器的主要数据应包括电感量、品质因数、允许误差范围及分布电容等。

（1）电感量及其单位

电感量用L表示，单位是亨利（简称亨），用符号H表示。比较小的电感用毫亨和微亨表示，它们之间的换算关系为：

1毫亨（1mH）$=10^{-3}$H

1微亨（1μH）$=10^{-6}$H

（2）品质因数Q

Q值表示电感器在某频率的电压下，线圈的感抗与线圈电阻的比值，即 $Q=\omega L/R=2\pi fL/R$　　（式1-3）

其中，ω为交流电压的角频率，单位rad/s；f为交流电压频率，单位Hz。通常希望Q值高，可以减少损耗，提高频率，滤波效果好。

（3）分布电容

电感器线圈每匝之间及线圈与“地”或与屏蔽罩之间都存在电容称分布电容，这是不可避免的。分布电容会降低线圈的品质因数，降低电感器工作的稳定性，因此希望分布电容越小越好。

4. 电感器的主要作用

电感器的作用有很多，作为储能元件，可进行滤波（阻止交流通过，对直流可顺利通过）；还可以作为高频振荡线圈，应用于高频电路、调谐、耦合；还可利用电磁感应产生感应电势，如变压器。

## 四、其他电器元件

(一) 开关

开关在电子电路和电子设备中，起到接通或断开电路的作用。由于手动机械式开关结构简单，体积小，重量轻，操作方便，成本低，因此广泛应用于电子电路或电子设备中。手动机械式开关按操作方式的不同可分为下列几种形式。

1. 拨动开关

拨动式开关在电子设备中应用比较广泛。拨动开关的动作多为水平滑动式，即用手推动开关时，开关的动触点作水平移动。通常有两或三位挡位，分别接通或断开不同的电路。有时为按动式，按下开关有显示点部位，电路接通；按下开关无显示点部位，电路断开。其常用的外形如图 1－26 所示。主要应用于计算器、录音机等电子设备。

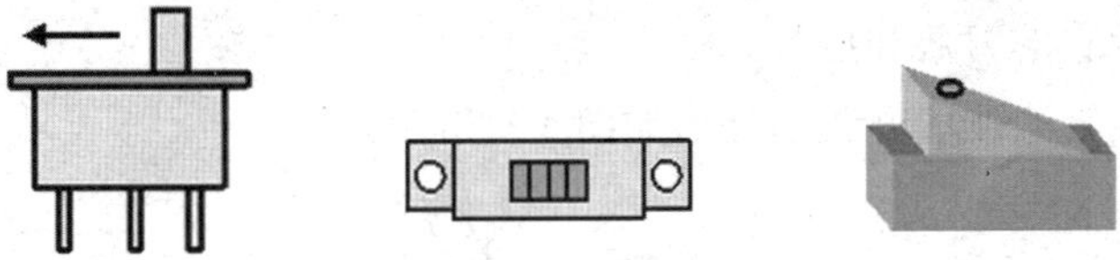

(a) 水平滑动式　　(b) 外形示意图　　(C) 按动式

**图 1－26　拨动开关外形示意图**

2. 钮子开关

钮子开关多为搬动式，搬动开关的手柄可接通或断开电路。根据切断电流的不同可分为小型、中型和大型；根据开关中触点数目不同又可分为单刀式、双刀式和三刀式；按通、断的方向不同又可分为单投式和双投式。钮子开关的切断电流范围可从 0.5A～5A 中多种选择，其常用的外形如图 1－27 所示。

图 1-27 钮子开关外形示意图

3. 旋转波段开关

旋转式开关是靠手旋转手柄实现电路的转换。旋转式波段开关根据电压和通过电流的不同，可分为大、中、小型三种。工作电压范围从 50V～300V，工作电流范围从 0.05A～0.3A。根据动、静触点数目不同，又可分为多刀位或多层型。通常转动开关的转轴，即可带动触点移动，接通或断开电路。动触点俗称为“刀”，而各位置的静触点俗称为“掷”，因此又可用“×刀×掷”来表示它的刀数和层数。

旋转式波段开关的外形如图 1-28 所示。

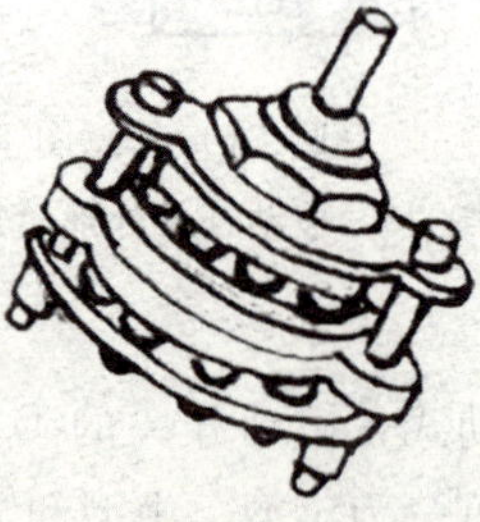

图 1-28 旋转式波段开关外形示意图

4. 旋转刷形开关

旋转刷形开关是靠转动转轴使多层弹簧片（简称“刀”），与静触点（简称“掷”）相接通或断开，实现电路的转换。通常情况下，由于弹簧片与静触点的接触面积大，因此可通过的电流比较大，可大于1A。与波段式相同，它也可分为多刀位或多层型的不同规格。

刷形开关的外形如图1-29所示。

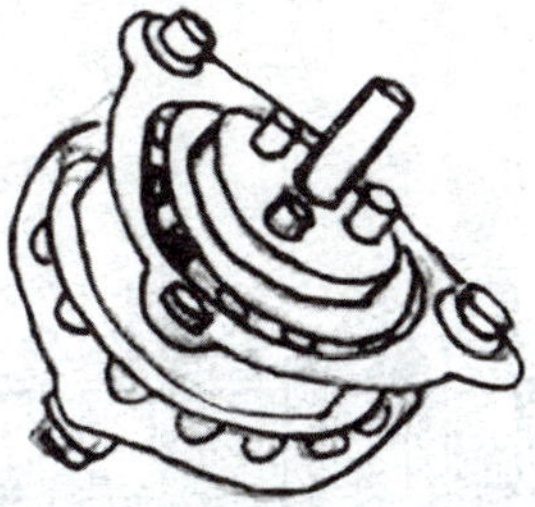

图1-29　刷形开关的外形示意图

5. 按钮开关

按钮开关是靠手去按动按钮帽来接通或断开电路。按钮开关与电路中的普通按钮一样，其种类很多，有单独式、组合式、带或不带发光二极管式等。它的结构及动作都很简单，按下按钮帽，电路接通或断开，手松开后电路恢复原来的状态。其外形和内部结构如图1-30所示。

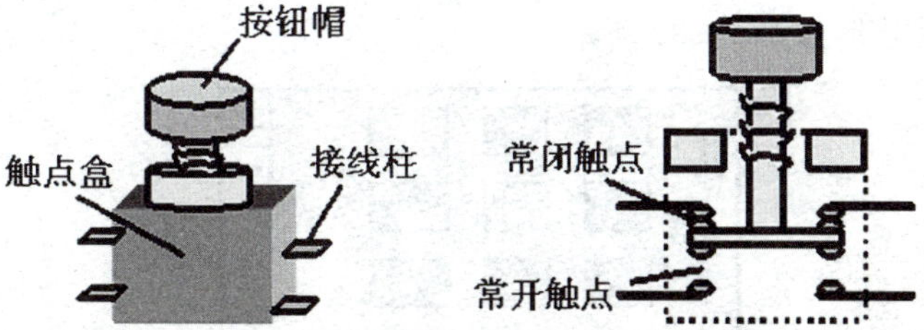


(a) 按钮开关外形　　(b) 按钮开关内部结构示意图

图1-30　按钮开关外形及内部结构示意图

按钮开关通常应用于控制电路中，通过的电流比较小，约5A以下，接通或断开电源或接触器线圈电路。

6. 直键式键盘开关

直键式键盘开关类似钢琴中的按键，不过按键帽不同。直键式键盘开关可以是单键，也可用几个单键组合成多键。如图1-31所示。

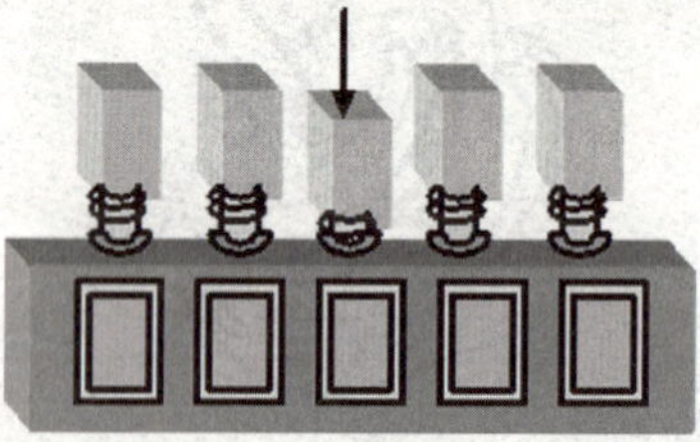

图1-31　直键式键盘开关外形示意图

直键式键盘开关的键位状态可以自锁（即按下去后不会自动弹起），也可以互锁（即某一键按下，其余先按下的键自动弹起）。

7. 键盘开关

键盘开关应用于计算机、计算器、编程器等键盘。键盘下的触点接触方式有导电橡胶膜或弹簧片，键盘上的表示有字母、符号等，操作很方便。选择时应注意按键动作的速度及手感是否舒适。其外形如图1-32所示。

图1-32　键盘开关外形示意图

（二）插座

插座是常用的电器设备，它是电源的移动部件，可将固定电源通过它的连接，将电源移动到任意位置，方便各种用电设备；如电视机、电冰箱、空调机等。

1. 主要种类

插座的种类繁多，按插孔不同分类有二孔、三孔和四孔插座，其中二孔、三孔插座是供单相交流电源用。二孔插座无“接地”或“接零”插孔，三孔插座有“接地”或“接零”插孔。在安装使用时应注意插孔的极性，二孔插座在水平安装时，左面插孔为零线插孔，右面插孔为相（火）线插孔。在垂直安装时，下面插孔为零线插孔，上面插孔为相（火）线插孔。如图 1 - 33 所示。

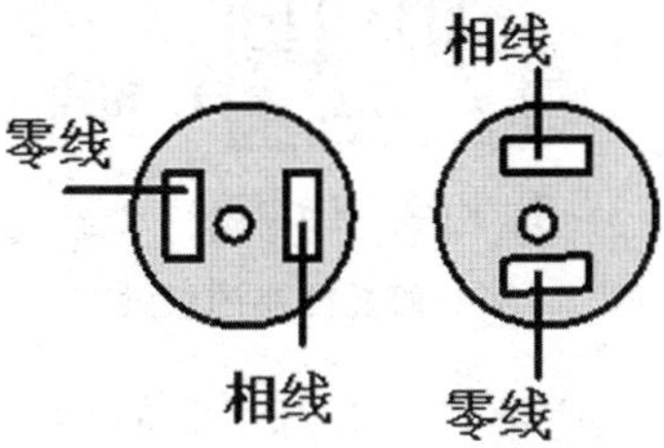


图 1 - 33　二孔插座

三孔插座的上面插孔为“接地”或“接零”插孔（如是圆形插孔、该插孔应比较大；使用时应注意安全，目前这类插座很少使用）。插座的插孔形状应为扁平状，而且是有一定的倾斜方向，呈“品”字形排列，防止误插。对于洗衣机、电冰箱、空调机、微波炉等应选用三孔插座。

三孔插座的安装如图 1 - 34 所示。

四孔插座是三相电源插座，其体积及插孔比较大；插孔的位置应按三相电源的顺序，最上面比较大的插孔应为“接地”或

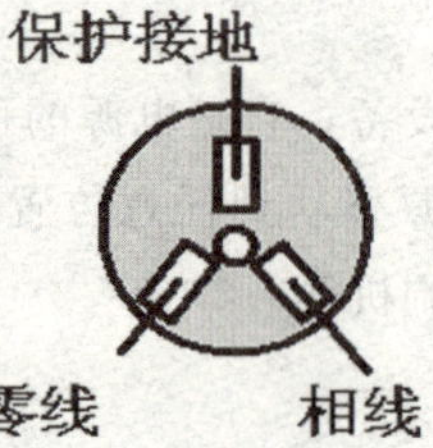


图 1－34　三孔插座的安装

“接零”插孔，然后按逆时针方向依次为 $L_1$（A）相、$L_2$（B）相、$L_3$（C）相。

四孔插座的安装使用如图 1－35 所示。

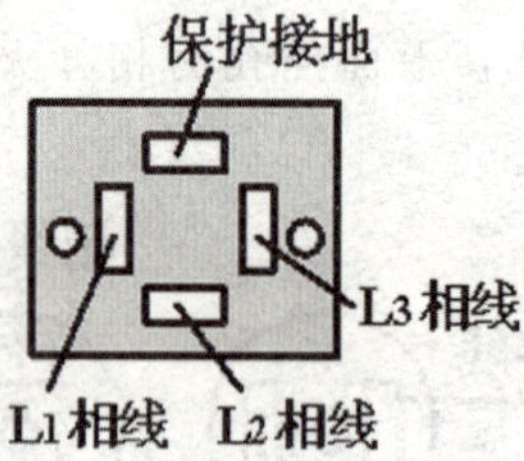


图 1－35　四孔插座的极性

目前广泛使用的插座带有电源开关，有的还带有电压指示、发光二极管等，使用起来更加安全可靠。

固定插座的安装应注意安全，在公共场所或儿童比较多的地方，应距地面不小于 1.3 米处安装；厨房、卫生间、洗衣房等处，应安装带盖的插座。

2. 插座的选用

选用插座时应注意它的工作电压和工作电流。电压指单相或三相电源的电压；而电流的等级很多，如单相插座电流等级从 5A～30A 有多种。对于空调用的插座，应选用专用的空调用插座，其工作电流比较大。

（三）继电器

继电器是实现自动控制的主要设备，通常接在电器线路的控制电路（按钮电路）中。当按下启动按钮时，控制电路接通，继电器的线圈通电，它的触点闭合或断开，即可接通或断开某些控制电路。

1. 基本结构及符号

继电器的结构很简单，主要为通电线圈及多对触点。按照线圈没通电时触点是否闭合，分为常开（动合）触点和常闭（动断）触点。其中常开（动合）触点是线圈没通电时，触点断开；当线圈通电时，触点闭合。而常闭（动断）触点正相反，当线圈没通电时，触点闭合；当线圈通电时，触点断开。它们的图形符号如图 1－36 所示；文字符号通常用 K 表示，对于不同用途的继电器，符号稍有些差别。注意：由于继电器的线圈与触点分别接在不同的控制电路中，它们的图形符号不同，但是为了表示是同一个电器设备，必须用同一个文字符号来表示。

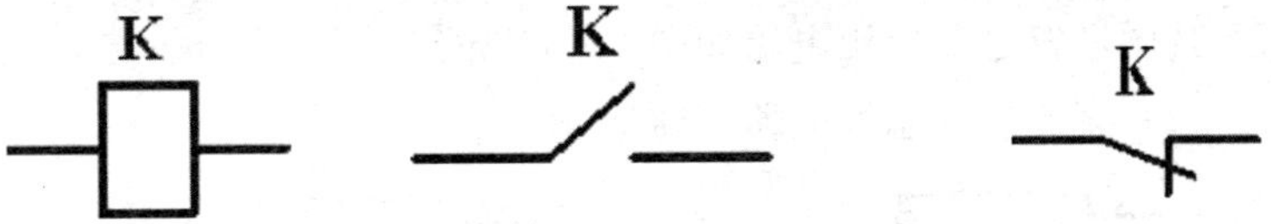


（a）继电器线圈　（b）常开（动合）触点　（c）常闭（动断）触点

**图 1－36　继电器的图形和文字符号**

2. 主要种类

继电器的种类繁多，分类方法也很多，可按用途分类，也可按功率大小来分类。在电子电路及电子设备中，由于电压低、电流小，应用的继电器大多为小功率、小型、微型及电子型继电器，目前应用比较多的是具有很高性能的固态继电器。

3. 固态继电器（SSR）

固态继电器（简称 SSR）是由固态元件（固定的电子元件）

组成的无触点开关器件，与其他继电器相比，具有工作可靠、开关速度快，控制灵活，通断能力强，抗干扰能力强，对外界干扰小，使用方便，寿命长，能与逻辑电路兼容等特点。其应用范围广泛，尤其在计算机、逻辑电路中应用比较多。

固态继电器的工作原理很简单，即在其输入端输入控制信号（弱电信号）是高电位“1”或低电位“0”，就可控制输出电路的接通或断开，实现以弱电控制强电，并达到强电与弱电隔离的目的。

4. 固态继电器的种类

根据固态继电器的输出电路及用途不同，可分为交流型和直流型两种类型。

（1）交流型固态继电器（ACSSR）

交流型固态继电器其内部电路为输入和输出两部分电路，中间用光电耦合器进行信号的传输并实现强、弱电隔离；输出电路通过双向晶闸管输出，可接通或断开交流电源电路。

其图形符号及应用电路如图 1－37 所示。

（2）直流型固态继电器（DCSSR）

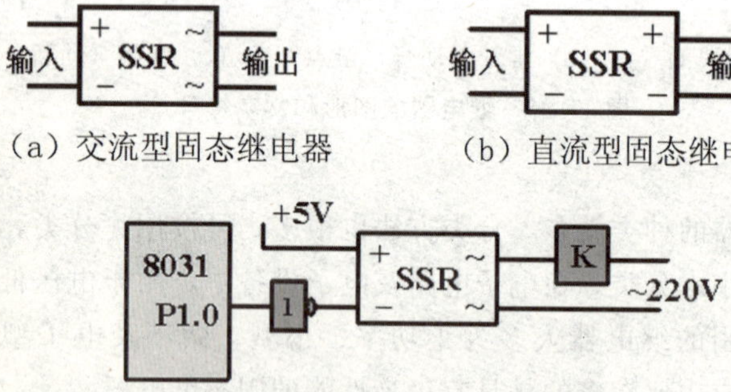


（a）交流型固态继电器　　（b）直流型固态继电器

（c）交流型固态继电器的应用

图 1－37　固态继电器的图形符号及应用

直流型固态继电器的输入电路与交流型相同，不同的是其输出电路为功率三极管，通过输入的控制信号，可控制三极管的工作状态是饱和导通（即开关接通）还是截止（即开关断开），来实现输出的直流电路的接通或断开。其表示符号基本与交流型相同，只不过是输出端用直流符号表示。

5. 使用时的注意事项

（1）由于固态继电器是一种电子开关，因此有一定的通态压降和断态漏电流，选择时应注意这两个参数。

（2）应特别注意避免负载短路，否则容易烧毁固态继电器。

（3）对于交流固态继电器，对负载有过零或不过零控制功能。

6. 固态继电器的选择

（1）选择时首先应考虑输入电压、输入电流，通常情况下，无论交流型还是直流型，输入电压范围在 3V～30V，输入电流范围在 3mA～30mA，使用时根据负载要求进行选择。

（2）其次应考虑负载要求选择输出参数，其中主要为额定工作电压、额定工作电流、通态压降和断态漏电流及通、断态电阻、工作频率、开关时间等。对于交流型固态继电器的额定工作电压、额定工作电流的范围分别为：30V～380V、1A～25A。对于直流型固态继电器的额定工作电压、额定工作电流的范围分别为：4V～50V、1A～3A。

（四）变压器

变压器是一种能变换交流电压的电器设备，故称变压器。实际上它不仅变换电压，而且能变换电流，变换阻抗即实现阻抗匹配。

1. 主要结构和表示符号

电子电路中常用的变压器多为小型、功率比较低的单相变压器。这种变压器的结构简单，线圈和铁心是开启式，散热效果好。

小型变压器的主要结构为：线圈、线圈框及铁心。线圈为高强度漆包线在线圈框上绕制而成，铁心为很多很薄的硅钢片冲成一定形状后叠成所需形状，与线圈组合成变压器。其结构示意图与图形符号如图 1－38 所示，文字符号用 BT 或 T 表示。

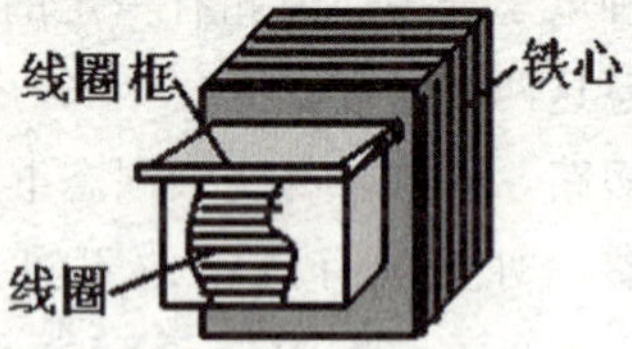

(a) 变压器结构示意图

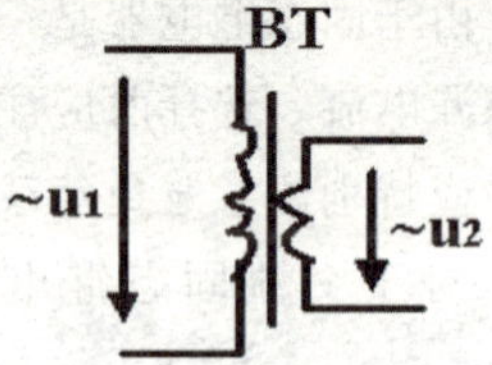

(b) 变压器图形符号

**图 1－38 变压器结构示意图及图形符号**

2. 主要种类

变压器的种类很多，在电子电路及电子设备中，主要是按用途分类；可分为电源变压器，输入和输出变压器。按变压器的铁心形状分类可分为“窗口”形、“日字”形。按工作频率分类，有低频、中频和高频变压器。其中低频变压器的工作频率在音频范围内，在收音机、扩音机等应用比较多。中频变压器的频率范围为几千赫至几兆赫，多用于选频电路及放大电路的耦合电路。高频变压器的电感量很小，适用频率大于几千兆赫，多用于振荡电路及天线线圈。电子电路及电子设备中的电源变压器、输入和输出变压器的图形符号如图 1－39 所示。其中电源变压器的一次绕组（也称原绕组）接交流电源；而二次绕组（也称副绕组）有两个或三个线圈，它们的线圈匝数可不相同，因此每个线圈的输出电压也可不相同，一般为比较低的电压。输入变压器的一次绕组（原绕组）接交流电源，二次绕组（副绕组）为一个线圈，但中间有电压抽头，引出 1、2、3 引线，供选择使用。输出变压器与输入变压器正好相反，一次绕组（原绕组）是中间有电压抽头的线圈，而二次绕组（副绕组）为一个直接接负载的线圈。

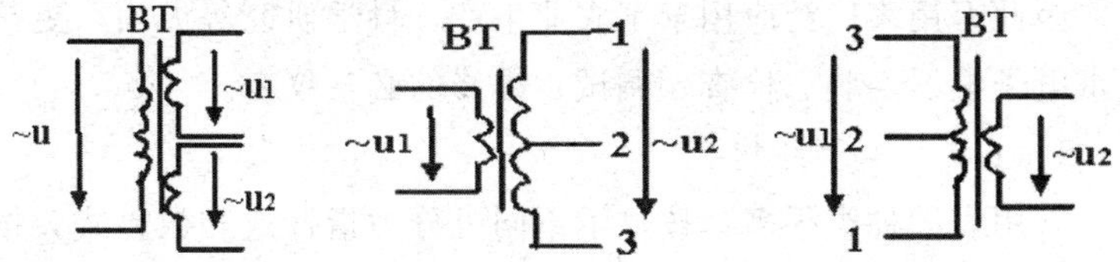


（a）电源变压器　　（b）输入变压器　　（C）输出变压器

**图 1－39　电源、输入和输出变压器的图形符号**

3. 变压器使用中注意的问题

（1）变压器在使用前一定要用绝缘电阻表，遥测线圈与铁心之间的绝缘电阻及高、低压线圈之间的绝缘电阻是否合格，如不合格应采取措施（如烘干）使其合格，否则不能使用。

（2）用万用表的电阻 R×1 挡测量线圈的电阻值，是否符合它的标称值。如所测电阻值过大，说明线圈内断线；如电阻过小或接近零，说明线圈短路，不能使用。

（3）检查线圈的引线是否牢固，铁心螺钉是否扭紧等。

（4）应根据负载所需电压情况，正确选择变压器的种类、原副边的变压比、副边电流值、变压器的容量（即瓦数）及抽头情况。

# 第六节　常用电子仪器仪表

## 一、万用电表（简称万用表）

万用表是电工及电子技术中最常用的电子仪表，是研究

“电”的工作人员必备之表。它是一种能够测量多种电量，每种电量又有多个量程的仪表，故称“万用表”。万用表不仅功能多、量程多，而且具有体积小、使用方便、便于携带、价格较低等优点。因此万用表广泛应用于工农业生产、科学研究等方面，更是从事电子电器安装、检查、调试、维修的必备仪表。

1. 主要种类及结构

万用表的种类很多，按显示不同可分为指针式和数显式；按外形结构不同，又可分为台式和便携式等。万用表的外形种类虽然很多，但指针式万用表都是由表头（微安电流表）、测量电路和转换开关所组成。MF－30 型万用表的面板图，见图 1－40 所示。

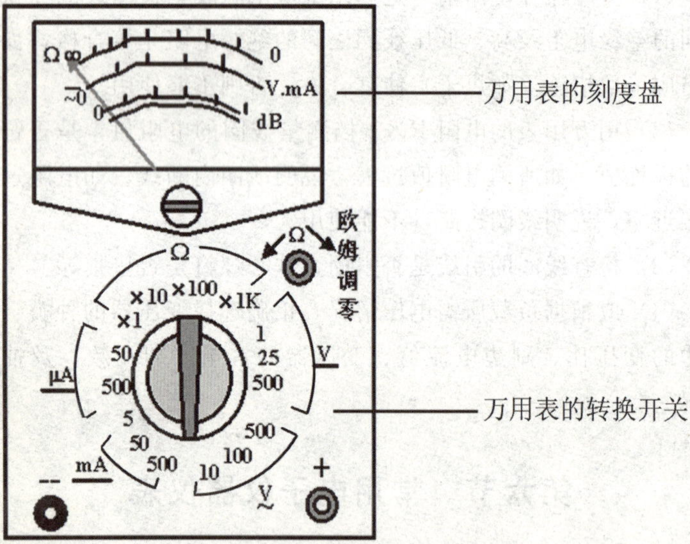


图 1－40　MF－30 型万用表面板图

从面板图的转换开关可以看出，万用表可以测量直流电流、直流电压、交流电压、电阻等，有些万用表还可测量电容、电感、二极管的正反电阻及三极管的电流放大系数等。

由于万用表是一种很方便的精密仪表，应正确认识并熟悉它的各种参数，掌握它的使用方法，才能做到准确测量及正确读数。

2. 指针式万用表盘及其符号

（1）符号

⌒：水平放置使用；

～：耐压交流 500V；

—2.5：直流量的准确度，标尺满刻度的 2.5％；

～5：交流量的准确度，标尺满刻度的 5％；

10V 标度尺：测量交流电压 10V 以下使用；

dB 标度尺：以分贝（dB）为单位测量电路的放大倍数；

≂：交直流挡测量用标度尺；

V. mA：电压及毫安电流标度尺；

Ω：电阻标度尺。

（2）转换开关的挡位和量程。

转换开关的挡位通常有四挡（数字式挡位可多些）：

V̰：交流电压、挡；V̲：直流电压挡；mA，μA：直流电流挡；Ω：电阻挡（称欧姆挡）。

量程见图 1－40 的转换开关图。

电阻的量程：×1　×10　×100　×1k　×10k；

直流电流的量程：μA：　50μA　500μA；

mA：　5mA　50mA　500mA；

直流电压的量程：1V　25V　50V　500V；

交流电压的量程：10V　100V　250V　500V；

（3）各挡位的标度尺：见图 1－40 的刻度盘图。

电阻的标度尺（Ω）位于最上面，其数值刻度方向与其他刻度方向相反，即当未测量时电阻应为无穷大（∞），指针不动。当电阻为零时，即将两个测量表笔（红、黑表笔）短接时，指针摆动最大，指在零点。

交、直流电压，电流的标度尺在电阻标度尺下面，测量时应注意所选量程与指示值之间的换算。

最下面的两个标度尺是测量交流10V以内的交流电压和相应的分贝（dB）值。

3. 测量前的准备工作

（1）认真阅读该表的使用说明书，观察表盘的各种符号，了解它的含义。

（2）根据符号含义，如“⌐¬”符号表示将万用表水平放在桌面上，便于观察指针的摆动和正确读数。

（3）注意指针是否处于“o”刻度线上，如有偏差，应很小心地进行机械调零（机械调零机构在刻度盘的下面），使指针指在零位（不要用力过猛，防止拧坏游丝）。

（4）将测量表笔（红、黑两表笔）正确插入相应的插孔内（红表笔插入“+”孔内，黑表笔插入“-”孔内）；尤其是在测量直流电量时，如正、负极性插错，就会使表头指针反偏，损坏表头零件。

（5）测量前，要查看所选测量挡位和量程是否相符。如无法估计被测量，应先用最大量程进行初测，然后根据初测情况再换到适当的量程进行准确测量。尤其要注意不要用“电阻挡”去测量电压，这样很容易烧坏万用表。

（6）测量过程中，如需调换量程或测量挡位，必须先将表笔离开电路后，再转动转换开关换挡或换量程，否则易产生电弧火花，烧坏转换开关的触点。

（7）测量结束后，应将转换开关拨到交流电压挡位中的最高量程位置（如～500V挡位），可防止下次如使用不当损坏仪表。

（8）全部测量完毕后，应取下表笔，整理好仪表，并将其放于无干扰的干燥环境中。如长时间不用，应将电池取出。

4. 测量时的注意事项

（1）首先根据测量要求，明确所测电量，并估计被测量的大小或范围，正确选择测量挡位和量程。

（2）观察所测电路的结构，确定被测点，选择好表笔所测位置和方向。

（3）测量时，应等待指针稳定后，从标尺刻度上准确读出被测数据，并科学记录以便分析和保存数据；注意被测量的数据和单位。

（4）测毕应将万用表按规定整理并放置妥当，指针式万用表应置于交流电压最大量程挡；而数字式万用表应置于关断“OFF”挡位，整理所测数据。

## 二、万用表的正确测量

测量前，应根据测量要求确定被测值并估计其大小（交流、直流，电压或电流或电阻），正确选择测量挡位和量程，将转换开关置于相应挡位和量程上。

1. 电阻的测量

（1）测量电阻时，被测电阻绝对不允许带电。测量时，将万用表的转换开关置于“Ω”（欧姆挡），此时万用表内接入表内的1.5V（或9V）的干电池。如将“Ω”挡的量程置于×1、×10、×100、×1k时，接入的表内电池为1.5V；如置于×10k量程挡，则接入表内9V干电池（注：特殊情况下使用，尤其是测量

二、三极管电子元件时，不应放于此挡位）。通常情况下初测时置于×100或×1k挡位，先观察被测电阻的阻值后，再选择更合适的量程进行测量。

（2）将红表笔插入仪表的“+”接线端内，而黑表笔插入“-”接线端内，此时万用表的指针应不动，即指在“Ω”挡上的“无穷大”处。将两表笔搭在一起（称两表笔短接），此时应是未测电阻之前，表内的指针应摆动最大，指在“Ω”挡的“0”即“零位”（注意欧姆档的标度尺刻度与其他被测量的标度刻度相反）。如果指针没有指在“0”点处，可能稍有偏差，这时应转动表盘上的“欧姆调零电位器”，轻轻旋转，使指针指在零点。

（3）用手拿住被测电阻的一端（不能用手拿住被测电阻的两端，防止将人体电阻与被测电阻并联，引起很大的测量误差），将被测电阻接在红、黑表笔之间，观察指针的摆动，根据标度尺的刻度，正确读出被测电阻值。

（4）测量的电阻值如指针指在标度尺的中间刻度内，测量值比较准确。测量电阻时，绝对不允许在带电的电路上进行测量，否则很容易烧坏万用表。

（5）测量完毕后，放下被测电阻，将转换开关旋至交流电压最大量程处，防止下一次测量其他电量（如交、直流电压，电流）时将表损坏（或将表内保险烧断）。

2. 交流电压的测量

（1）首先，正确选择转换开关的测量挡位和量程，使转换开关转到“$\underset{\sim}{V}$”的相应量程处（初步估计被测电压的数值，放于适当量程内，如不易估计则先放于最大量程处，进行初测）。这里要切记绝对不能将转换开关放在“Ω”挡或直流电量挡，否则会造成表头或指针的损坏。

（2）根据电路情况，如需测量某电阻上的电压，即可将红、黑表笔（不分极性）直接并接在被测电阻的两端。如图 1－41 所示。

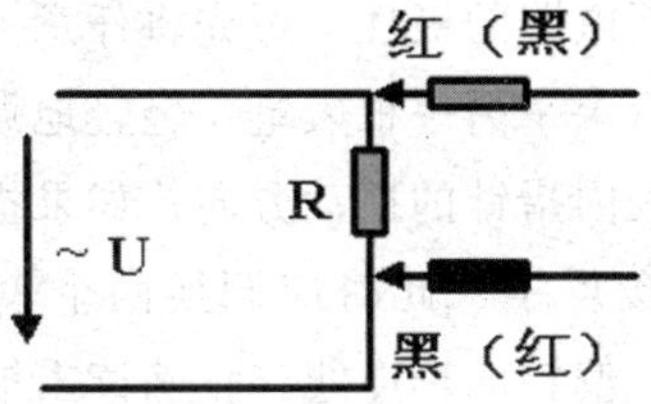


图 1－41　交流电压的测量

（3）观察表盘上的交、直流标度尺的刻度，并根据量程及刻度直接读出被测量或进行换算后读出被测量。测量交流电压时，千万注意人身安全，绝对不能用手触摸交流电路的带电部分；通常要养成单手握双表笔的习惯，防止人体触电事故发生。

3. 直流电压的测量

（1）测量直流电压时，应将万用表的转换开关置于直流电压 V 挡位上，并根据被测量选择好该挡位的量程，方法与测量交流电压相似。

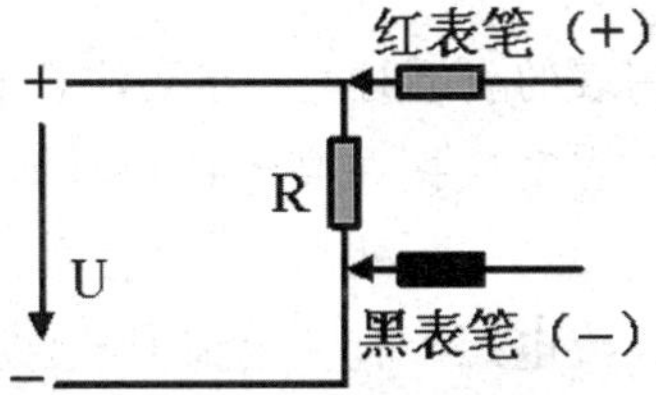


图 1－42　直流电压的测量

（2）测量电路中某处的直流电压，如测电阻 R 两端的直流电压，应将两表笔与被测电阻两端并联接入，如图 1－42 所示。但此时一定要判断出直流电压的极性，红、黑表笔不能接错或调换；应将红表笔接在电路的高电位处（或“＋”极处），而黑表笔则接在电路的低电位处（或“-”极处），绝对不能反接，否则会损坏仪表。

如事先不易判断电路的极性，可先将任意一根表笔与被测电路的一端相接，然后手拿另一根表笔，轻轻地点一下被测电路的另一端，同时观察表内指针的摆动方向；如果指针反偏应迅速移开表笔，说明表笔接反了，此时应调换两个表笔进行正常的测量。根据标度尺指针偏转的刻度线，正确读出被测直流电压值。

4. 直流电流的测量

（1）在进行直流电流的测量时，应首先断开被测电路，此时万用表须串入到被测电路中。如图 1-43 所示。

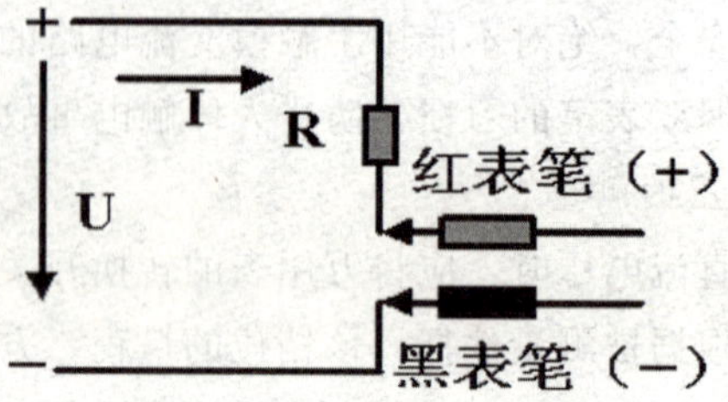


**图 1—43　直流电流的测量**

（2）在接入万用表的表笔时，一定要注意电路的极性。与直流电压测量相同，红表笔应接在高电位处（即“+”处），黑表笔则接在低电位处（即“—”处），否则表内指针反偏，将损坏仪表。因此在测量直流电压、直流电流时应注意正确选择挡位、量程及表笔接入的极性。

5. 测量直流电量的注意事项

（1）正确选择直流挡（V 或 mA）及其量程，如选择“Ω”挡，可能会损坏仪表；如选择交流电压挡，则读数不对。

（2）测直流电压时，绝对不允许用直流电流挡，否则会使被测电路短路（因为直流电流档的内阻很小），使流过万用表表头的电流过大而烧坏万用表。

（3）红、黑两根表笔的插孔上面标有极性符号，一定要注意极性，应与直流电的极性相对应（红表笔接“＋”，黑表笔接“-”）。

## 三、数字式万用表

数字式万用表在近几十年发展很快，由于有很高的性能、良好的灵敏性、齐全的功能，测量种类多，测量直观（可直接显示被测量的大小），性能稳定，过载能力强，轻便，不易损坏等优点，得到迅速普及，正逐步取代机械指针式万用表。

1. 简介

数字式万用表种类很多，我们以一种型号为 DT－830 型小型数字万用表为例，介绍其使用方法。

（1）基本功能

能够进行直流电压、交流电压、直流电流、交流电流、电阻、二极管正反向电阻及三极管电流放大系数等的测量。详见图 1－44。

（2）主要性能

位数：四位数显示屏，显示最大值为＋1999。

电源：直流 9V 干电池。当显示器显示“←—”或“LO-BAT”字样时，说明表内干电池电压偏低，需更换同型号电池后再使用，否则将导致测量误差。数字万用表可具有自动调零功能（不测量时为 0000），同时正负极性可自动变换；如挡位或量程选择不当，则显示“1”或“－1”，说明数字万用表的过载能力强。

面板上有电源开关 ON 或 OFF，测量前应先按下 ON 后再进行测量；测量完毕后，按下 OFF 关机。

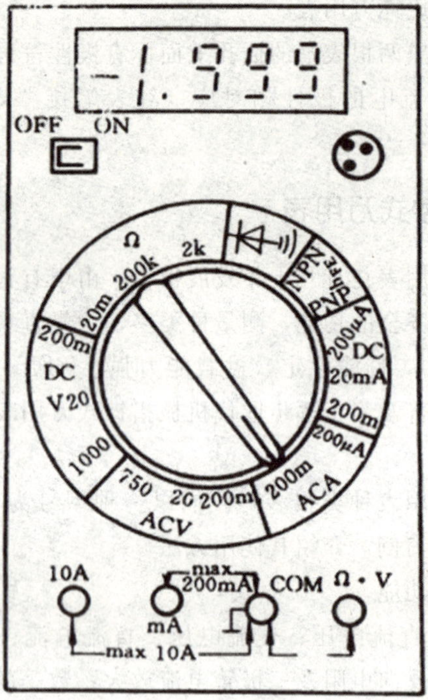


图 1-44　DT-830 型数字万用表的外形

(3) 测量输入插座面板上有四个表笔插孔，测量前应将表笔正确插入相应的插孔内。黑色测试笔应插在“COM”（即公共端）内不动，而红色测试笔有以下两种插法：

第一种：在测量电压或电阻时，将红色测试笔插在“Ω. V”的插孔内。

第二种：在测量小于 200mA 电流时，将红色测试笔插在标有“mA”的插孔内；当测量大于 200mA 的电流时，将红色测试笔插在“10A”的插孔内。在测量直流电量时，允许红、黑表笔任意接被测负载，直流电的极性在显示器上会指示出来；如出现

“-”号，说明红、黑表笔的极性与负载的接点极性相反。

2. 数字式万用表的测量

（1）交流电压测量

①首先将电源开关按下“ON”，显示器有显示，说明已进入工作状态；

②将转换开关旋置于“AC. V”挡，并同时选择适当量程；

③将黑表笔插入“COM”插孔内，红表笔插入“Ω. V”插孔内；

④将两表笔并联接在被测负载的两端；

⑤从显示器上读取相应的电压值（须稍候显示基本稳定后再读取数字）。

（2）电阻的测量

①将仪表电源开关（按“ON”）按下后，将转换开关旋置“Ω”挡，并同时选取适当量程；

②将黑表笔插入“COM”插孔，红表笔插入“Ω. V”插孔内，此时测试笔与表内电池相连，与指针式万用表不同的是数字表的红表笔带“＋”电，而黑表笔带“－”电；

③将两表笔分别接触在被测电阻两端；

④从显示器上读取电阻值，注意小数点的位数和读取值的单位，如被测电阻值大于1MΩ以上时，须等待显示器稳定（需数秒）后再读数。

（3）直流电压的测量

①将仪表开机后（按“ON”），将转换开关旋置“DC. V”挡的适当量程；

②将黑表笔插入“COM”插孔，红表笔插入“Ω. V”插孔；

③将两表笔并联接在被测电压的两端，尽量将红表笔接在高电位处（“＋”极），黑表笔接在低电位处（“-”极）；

④从显示器上读取被测电压值，同时可判断被测直流电压的极性，如表笔接反则显示器在显示数据前会出现“-”号。

（4）直流电流的测量

①将仪表开机后，将转换开关旋置“DC. A”挡的适当量程；

②注意测试表笔的插法：将黑表笔插入“COM”孔内，如被测值在200mA以内，将红表笔插在“mA”插孔内；如被测值在10A以内，则将红表笔插在“10A”插孔内；

③须断开被测电路，将万用表串联接入被测电路中；

④从显示器上读取被测电流值，同时可判断被测直流电流的方向（显示情况同直流电压测量相同）。

（5）二极管的测量

①将仪表开机后，将转换开关旋置“→|”格；

②将黑表笔插入“COM”孔内，红表笔插入“Ω. V”（此时红表笔为“+”、黑表笔为“-”）；

③将两表笔并联接在被测二极管的两端，测量一次后调换两表笔，再测量一次反映二极管的正、反向导通情况，即可判断二极管的管脚极性。

（6）三极管的β（hFE）的测量

①仪表开机后，将转换开关旋置“hFE”挡；并根据三极管的管型是NPN还是PNP型，将转换开关旋置正确管型挡上；

②将三极管的三个管脚E、B、C正确插入面板上方的三极管的插孔内（注意不能插错管脚）；

③从显示器上读取β（或hFE）的近似值。

## 第七节　印刷电路

电子电路及电子设备中使用的电子元器件种类繁多，接线复杂，为了提高电路的可靠性，缩小体积，便于维修，将各种元件整齐地排列在薄型绝缘板上，连接线则采用金属液体敷涂在绝缘板上形成导电条；或者反过来，元器件安装在薄铜板上，不导电部分采用化学方法，将导电铜板腐蚀掉。这种电路板就称为印刷电路板（简称印制板），用电路图的方法表示就是印刷电路图。这种印刷电路板不仅正确实现每个元件的连接或绝缘，而且还起到支撑作用，便于检查和维修。

## 一、印刷电路板的种类

印刷电路板的种类可分为单面板、双面板、多层板和软性印刷电路板。

1. 单面板：在绝缘基片上只有一层铜箔。结构简单，制作容易，成本低，但占用面积大，外观较差。

2. 双面板：在绝缘基片的上、下两面都有铜箔，上下层铜箔可通过金属过孔进行导电连接。结构较简单，制作及维修比较方便，外观效果较好，价格适中，因此得到广泛应用。

3. 多层板：具有多余两层铜箔的电路板，不仅上、下两面有铜箔，而且中间夹有一层或多层铜箔，故称多层板。层间铜箔通过金属过孔进行导电连接。主要特点是元件布局密度高，面积小，一般应用在电子电路复杂、要求高的场合，如计算机电路板等。

4. 软性印刷板：这种电路板具有可以弯曲的特点，故称软性板。通常应用于特殊场合，多用于设备中需要移动电路或移动部分与主体电路的连接等，如打印机的打印头与主机板间的连接。

通常情况下，对于小型及小批量生产的电子电路印刷电路板主要采用手工制作。

## 二、手工制作印刷电路板的步骤

制作印刷电路板的步骤方框图如图 1-45 所示。

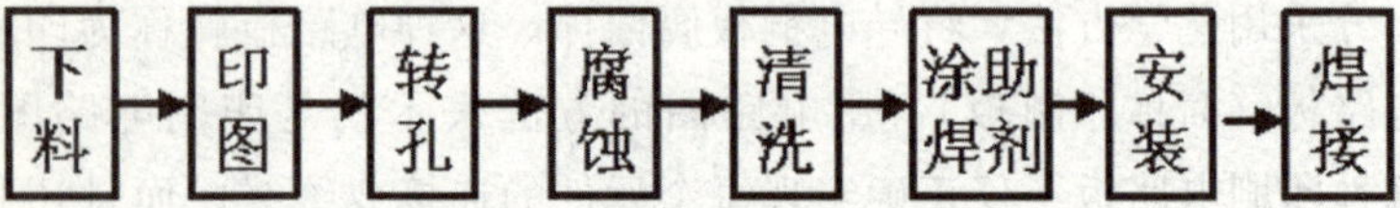


图 1-45　手工制作印刷电路板的步骤

其中主要步骤如下：

1. 根据电路原理图，绘制印刷电路板图。

通常情况下，任何电子设备都需要两张基本图纸，就是电路原理图和印刷电路图。其中印刷电路图则是根据电路原理图中的元器件的位置、连接情况等，来确定元器件的排列、安装位置及最佳连接方式，并按实际尺寸在方格纸上画出印刷电路板图。

在设计印刷电路板图时，必须研究各元器件的排列，确定它们在印刷电路板上的位置。这个过程需考虑元器件的结构、尺寸、重量、外形、散热及电气连接点等。通常可草拟几种方案，进行比较后，选出最佳方案实施。考虑过程中注意以下几个原则。

（1）元器件的布局原则

①多级放大电路的位置应按原理图的顺序排列，输入级应与输出级相距大些，减少寄生耦合，便于检查，维修；

②元器件排列应紧凑，一方面尽量缩短连线，另一方面要留有一定的间距，防止短路或击穿；

③元器件的安装应安装在无铜箔的一面，与板面间的距离应大于 2mm；

④发热元件应安装在散热较好的位置上（如通风良好，靠近机壳处），必要时应考虑加装散热片并留出散热片位置；

⑤一般情况下，元器件应按一个方向排列（如平行或垂直排列），力求整齐美观。

（2）连线原则

①应根据导线通过的电流大小来确定连线铜箔的宽度，其中电源线和“地线”尽量增大宽度；

②连线尽量要直而短，不能相互交叉，如需交叉可采用跨接一段导线的方法解决；

③通常在低频、音频电路中尽量将“地线”延长，可从输入端一直到输出端，这样便于安装各接“地”的元器件；

④连线之间的距离应大于 1mm。

2. 根据电路要求，选择合适的敷铜板，并将其表面清洗干净。

3. 将已画好的印刷电路图，用复写纸复印在铜板上。

4. 在需保留的连线处涂一层防腐蚀涂料（尽量用毛笔从上到下、从左至右描涂），涂完后，要充分晾干（通常为 24 小时）。

5. 用腐蚀溶液腐蚀电路板，将电路板放在腐蚀溶液内，液面应超过电路板，用竹镊子夹住电路板轻轻晃动，很快可看出印刷电路板。拿出腐蚀完成的印刷电路板并冲洗干净，除去防腐层，晾干。

6. 根据元器件大小，进行钻孔、打眼，清洗干净，涂上防腐助焊剂。

经过上述的步骤，就基本上完成电路板的制作，以后可进行元器件的安装和焊接工作。

## 三、元器件的安装

1. 元器件在安装前，应确定安装方式并将元器件的引线弯成一定的形状称“引线成形”。

元器件的安装方式有卧式和立式两种，见图 1-46 所示。卧式占地面积稍大，但引脚线相距较远；而立式占地面积小，适合于密集安装，但引脚线相距较小，需较高的焊接技术。有时可紧贴在电路板上，减小所占空间。

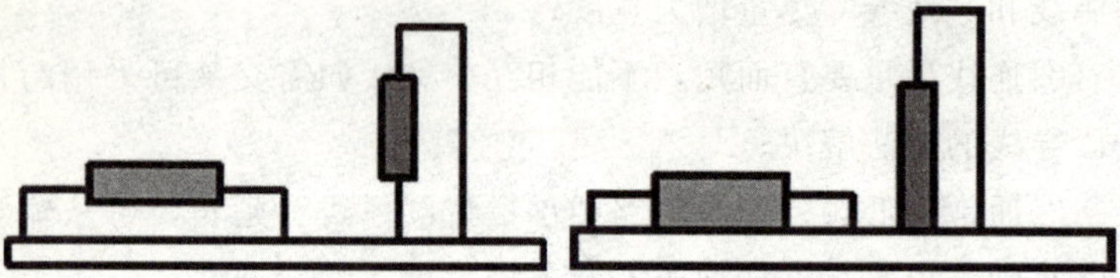

(a) 卧式　　(b) 立式　　(C) 紧贴式

**图 1-46　元器件的安装方式示意图**

元器件引脚线的成形，有多种形式，主要为轴向引脚线成形及径向引脚线成形。轴向引脚线成形适宜电阻、电容和二极管等；径向引脚线成形适宜三极管、电容和电感等，如图 1-47 所示。这两种引脚线成形的要求基本一样，引线从元器件两侧一字形伸出，须向同一方向弯曲，成形弯头距引线跟部至少留 1.5mm 长，用钳子小心地弯成近似直角形；成形时应将元器件标有型号和数值的一面向外，便于检查和维修。

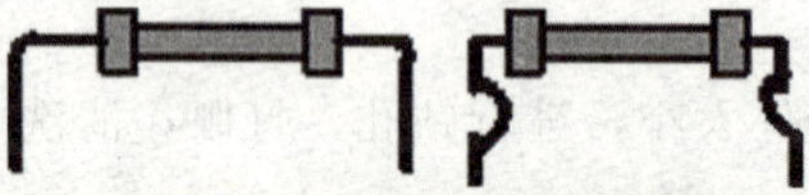

(a) 轴向引脚线成形示意图

(b) 径向引脚线成形示意图

**图 1-47　元器件引脚线的成形示意图**

2. 安装次序及要求

元器件的安装次序应先安装低矮小功率卧式元器件，然后安装立式元器件和大功率元器件，再安装可调元器件、易损坏的元器件，最后安装特殊元器件（不易安装）及带散热器片的元器件。安装不同的元器件时，应注意它的安装要求，根据印刷电路板装配图正确安装。

（1）晶体管的安装

各种晶体管在安装时应分清它的型号及管脚，认准排列，不要插错或装反。

（2）电阻的安装

区分同一电路中各个不同阻值、功率、类型的电阻的安装位置，对于大功率电阻应与底板隔开距离大一些，与其他零件的距离也要大一些。小功率电阻可与底板近一些，并采用卧式安装；

（3）电位器的安装

电位器的安装应注意它的安装方向，它的金属外壳应接“地”；可调电位器的一个固定端应与滑动端连线，防止调节时电路短路。

（4）电容的安装

电容安装应根据它的种类和极性以及耐压情况确定，尤其是电解电容极性不能搞错。

（5）电源变压器的安装

电源变压器通常应安装在通风、散热较好的位置，尽量用屏蔽罩隔离，安装时一定要压紧铁心，减小交流噪声。

3. 安装完毕后，应向用户提供电路原理图及印刷电路板的装配图，便于用户使用和维修。

## 四、简单整流电路印刷电路板的制作

1. 电路原理图：小型集成稳压电路如图 1－48 所示。

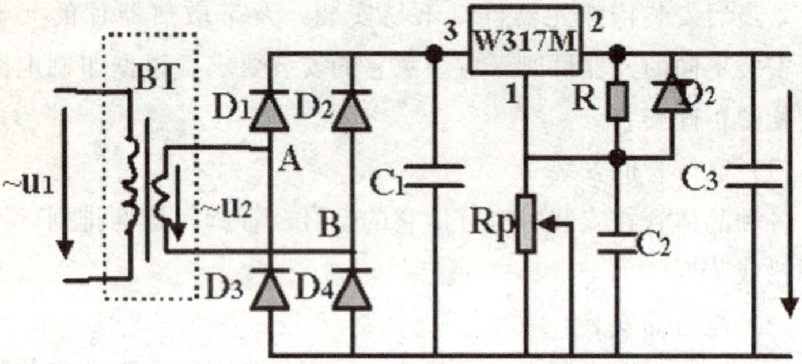


图 1－48　小型集成稳压电路原理图

2. 制作步骤。

（1）对单面铜箔板进行处理：铜箔板下料要求平直，可在小规格剪床上下料，然后用砂布打磨边沿去除毛刺，再用细砂纸或全相砂纸去除氧化层并擦洗干净后晾干。

（2）准备好所有元器件，并用万用表检查各电阻、二极管，及电容、集成稳压块的质量、管脚及规格。

（3）准备快干漆及稀释剂各一瓶。

（4）准备一支干净的小楷毛笔或绘图用鸭嘴笔。

（5）准备三氯化铁溶液一大瓶，用来腐蚀单面铜箔板。

（6）根据原理图绘制印刷电路板图，根据原理图将元件摆放在单面铜箔底板上以确定其位置。

（7）用笔蘸快干漆绘图。

（8）全部元件的排列及印制电路线条的走向均匀、整齐、紧凑，要与原理图中电流的流向吻合，与底版四边平行或垂直，元件不能跨接。

(9) 连接导线应根据各处电流的大小，确定线条相应的宽度，线条不得交叉，不得迂回，尽可能使连接导线为直线。

(10) 铜箔层的腐蚀：底板上的漆干后，放入三氯化铁溶液中浸泡，不得使用金属容器。腐蚀后，用水冲洗干净。

(11) 电路板的钻孔：在底板上对安装电子元器件的孔，通常用 Φ0.8 的钻头进行钻孔。对接插件、大功率电阻、大容量电容器，钻头直径应看元件的引线、安装尺寸而定，并根据需要在底板的四或三个角上用 Φ3.5～Φ4.5 的钻头钻好与底板连接的安装孔。

(12) 元件的安装与焊接。在电路板的背面安装元件，安装时常采用卧式安装。首先将电子元件的引线除锈并搪锡，并进行引线成形，即用钳子夹住引线的根部，将引线弯成直角，弯折处通常距离根部约 3mm～5mm 左右，将电子元件引线插入底板的孔中。

焊接用的电烙铁应选择功率为 15～30W 内热式电烙铁。助焊剂一律用松香酒精助焊剂，焊料应选用松香芯锡焊丝进行焊

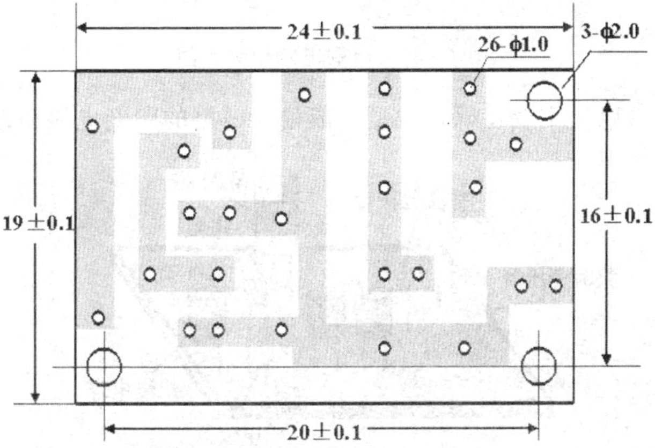


图 1-49　小型集成稳压电路的印刷电路板图

接。焊接完成后将过长的引线（在元件的反面，即铜箔面上）用斜口钳剪去。

3. 印刷电路板图，如图 1-49 所示。

4. 印刷电路板装配图。根据电路原理图和印刷电路板图相互对应，确定好元器件的准确位置，打孔后按印刷电路板装配图及安装规程和要求进行安装并焊接。印刷电路板装配图如图 1-50 所示。

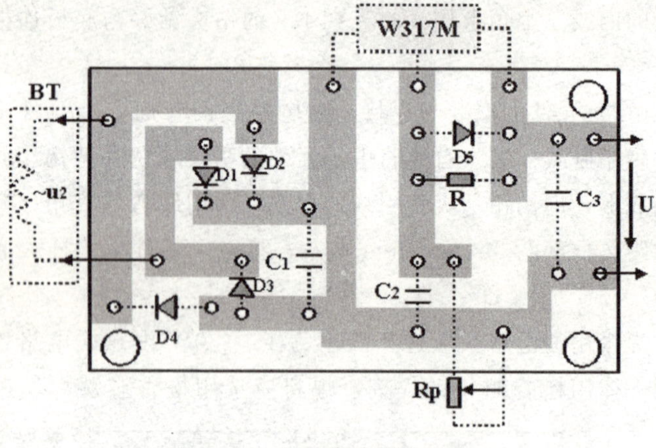


图 1-50　印刷电路板装配图

经过以上主要步骤，小型集成稳压电路的印刷电路板制作基

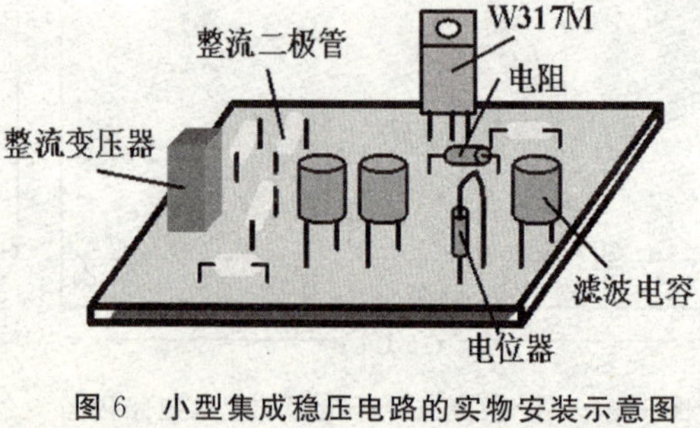


图 6　小型集成稳压电路的实物安装示意图

本完成。

小型集成稳压电路的实物安装示意图，如图 6 所示。

5. 再经过检验、调试合格后向用户提供电路原理图及印刷电路板的装配图，便于用户使用和维修。

## 思考题

1. 半导体有那些主要的导电特性？PN 结的主要特性是什么？

2. 二极管和三极管的主要作用是什么？它们的表示符号是什么？

3. 稳压管与二极管有什么区别？稳压管的主要作用是什么？

4. 普通晶闸管的结构有什么特点？表示符号及导通条件是什么？

5. 电阻、电容、电感如何表示？如何识别标称值？其主要作用是什么？

6. 在电子电路中主要应用哪些开关？各有什么特点？

7. 安装单相插座时应注意哪些问题？

8. 有几种固态继电器？使用中应注意哪些问题？

9. 在电子电路中主要应用哪些变压器？使用时应注意哪些问题？

10. 如何使用万用表分别进行电阻、二极管、三极管、交、直流电压的测量？

11. 如何进行手工印刷电路板的制作？试制作一个简单的电路（整流或单管放大电路）。

# 第二章　图纸及资料的识别

## 第一节　识图的基本知识

### 一、电子工程图的基本概念

电子工程图是用“工程语言”（即图纸）来描述电子电路的设计思想、设计内容及指导安装制作的“样本”。它的“语言”就是各电器元件的图形、文字符号及编号，它的“语法”就是各种规则、标准及表达形式，这些都应符合国家标准规定。根据《电气图用图形符号》及《电气技术中的文字符号规定通则》所规定，必须使用国家规定的标准图形、符号、标志及编号绘制电子工程图。

1. 电子工程图的主要种类

电子工程图的种类很多，根据不同用途可分为原理图、装配图、工艺图、布线图等。原理图中又分为电路原理图、电气原理图、方框图、逻辑图等。装配图及工艺图、布线图见表 2－1 所示。

表 2－1　　装配图、工艺图、布线图的分类

| | |
|---|---|
| 装配图 | 印刷电路板装配图 |
| | 实物装配图 |

| | |
|---|---|
| 工艺图 | 实装工艺图 |
| | 面板工艺图 |
| | 底板工艺图 |
| 布线图 | 接线图 |
| | 接线工艺图 |

2. 电子工程图的主要特点

（1）电子工程图主要是描述电子器件、电路器件、电子电路之间的电气连接及相互关系、相互距离和位置的图纸。

（2）电子工程图中，除了有分立元件外，还包含很多集成电路，尤其是大规模的集成电路；因此除了掌握各种分立元件外，还应熟悉各种集成电路的型号、主要功能和管脚接线图等。

## 二、识图的基础

作为电子操作工应了解各种图纸资料，了解国家的标准规定。在读图之前，应具备以下基础知识：

1. 要有良好的电工及电子基础知识，掌握各种电子、电器元件的图形、文字符号及其规格和在电路中的作用。如二极管的单向导电作用、三极管的电流放大作用等。

2. 熟悉并掌握典型电子电路的组成、工作原理及各元件的作用，各点的电位及波形情况。如整流、放大、稳压等典型电路。

3. 了解电子工程图的组成及其中的最重要部分，检查必备图纸。通常情况下，电子工程图应包括电路原理图、方框图、印刷电路板图、接线图、装配图及面板图等。其中，主要的是方框图、电路原理图及印刷电路板图。

（1）方框图：方框图是用简单的“方框”来表示各电路功能

块、元器件组件、典型电路等组成的整体电路或设备。各方框之间通过信号传输流向，按次序相连。方框图简单、明确，一眼就能看出整个电子电路或电子设备的全貌、组成及各功能块的作用，各功能块的电路和其中的元器件等。

图 2-1 是小型直流稳压电源方框图。

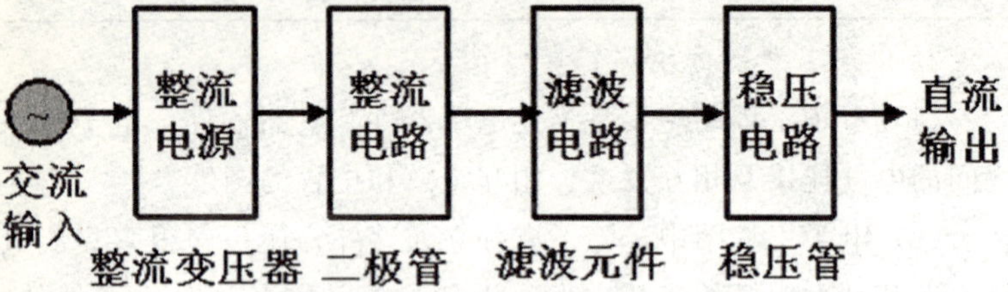


图 2-1　小型直流稳压电源方框图

图 2-2 是小型无线话筒方框图。

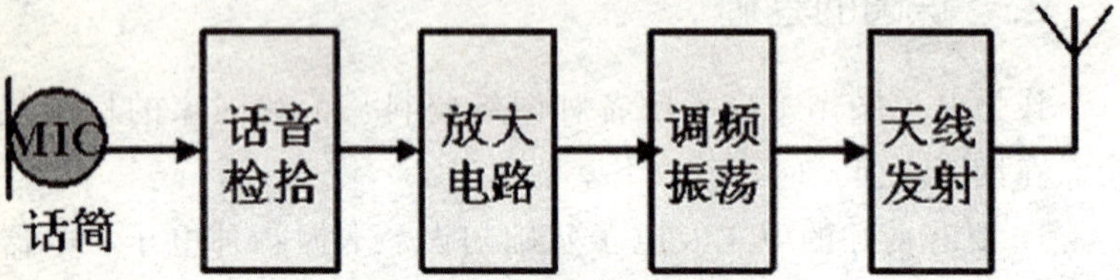


图 2-2　小型无线话筒方框图

(2) 电路原理图：是用国家规定的电气图形符号和文字符号，来表示电路中各元器件或电气设备相互连接的电路图；但并不表明它们的实际接线及安装位置。

按所表达电路的不同，电路原理图分为一次电路图和二次电路图。其中一次电路图也称主电路图，主要为各种电动机的电路；二次电路图（也称控制电路或副电路），是根据国家统一规定的电气图形、文字符号，来表示控制电路中电气设备及元器件相互连接的电路，主要起控制主电路的作用。在电子电路或电子设备中电路原理图通常为二次电路图。参照第一章图1－48为小型直流稳压电源的电路原理图。

（3）印刷（印制）电路板图：印刷电路板图应包括印刷电路板布线图和装配图。其中布线图是用铜箔来表示电路的连接导线图。布线图应表示印刷板的外形、尺寸、导电线路形状、安装孔的位置和孔径大小。布线图的数字单位均为毫米，其中各元件的位置应按实际位置表示出安装孔的位置及大小。参照第一章图1－49为小型直流稳压电源的印刷电路版图。

装配图中应体现各元器件与印刷电路板的相互连接关系。在装配图上，各元器件可以用图形符号、文字符号来表示它们所在位置及连接情况，可以不画出导电电路或用虚线画出，但有极性的元件应注明它的极性，有时还应标明技术要求和说明。

如有可能，可将布线图与装配图画在一起，称混合图，看起来更加直观、清晰。参照第一章图1－50为小型直流稳压电源印刷电路板装配图。

4. 识别印刷电路板装配图应注意以下几点：

（1）应用标准的图形和文字符号表示各元器件；

（2）同类型元器件应标出其型号、主要参数，也可以标出各代号，然后另列出附表，说明代号的含义；

（3）有极性的元件如电解电容或晶体管的各管脚应明确标出其极性和各管脚的文字符号；

（4）元器件的安装位置应明确标出，打孔位置、直径大小应准确标出；

（5）应注明特殊工艺要求。

## 三、掌握典型电路的工作原理

1. 整流电路

整流电路是利用二极管的单向导电性，将交流电变为直流电的电路。整流电路的组成包括整流电源即整流变压器，整流元件即二极管。

整流电路按二极管的接法分为单相半波、单相全波和单相桥式整流电路，对于需要功率较大的直流负载，还可以接成三相整流电路。在电子电路和电子设备中，主要为由四个二极管组成单相桥式整流电路，而且将其制成小型集成电路（称单相桥）；单相桥引出四个引线端，其中两个引线端接整流电源变压器（即交流端），另两个引线端可接滤波电路、稳压电路，接直流负载（即直流端），制成小型直流稳压电源印刷电路。如图 1－50 所示。

2. 放大电路

放大电路是利用晶体三极管的电流放大作用，使输入的弱小信号经放大电路后，不失真地放大比较大的输出信号。当输入信号 $u_i$ 提供很小的基极电流 $i_b$，三极管导通后，在输出电路中通过放大的集电极电流 $i_c$（$i_c=\beta_{ib}$），集电极电流在集电极电阻 Rc 上的交流压降作为输出电压 $u_0$，$u_0=A_u u_i$，其中 $A_u$ 为电压放大倍数。对于单管共射放大电路，通常为几十至几百倍。

放大电路的主要组成：基极电阻 $R_b$、集电极电阻 $R_c$、晶体三极管 T、直流电源＋Ucc 及耦合电容 $C_1$、$C_2$。放大电路的原理图参照第一章图 1－10。

# 第二节　识图的基本要求和步骤

## 一、识图的基本要求

1. 结合元器件的作用，电路的工作原理进行识图

首先要清楚各电子元器件及电路元件，如二极管、三极管、晶闸管、稳压管、电阻、电容、电感的作用，基本结构和工作原理，才能识别各种电子工程图。

2. 结合典型电路识图。任何复杂的电路图总是由各典型电路组合而成的，因此围绕典型电路分清各电路间的相互联系是识图的关键。

3. 结合绘制电子工程图的要求和特点进行识图。只要掌握绘制电子工程图的一般规则、特点、布局、图形及文字符号的含义，就可以识图，读懂每个电路图的作用和工作原理。

4. 参考有关资料和相关图纸，尤其是电气布置图，可以缩短识图的时间。

## 二、识图的基本步骤

1. 首先看图样说明：包括标题栏目、器件明细表，了解电路项目、名称、类型、主要技术参数、数量等，对图纸所反映的内容有大致印象和初步认识。

2. 看电子工程图的组成：各图形符号、文字符号的含义，明确电路的各组成部件、功能。通常应遵守读图的以下规则：

（1）按信息流逐级读图，首先从电源端依次进行读图，直到输出负载端，即从电源到负载。

（2）按图纸的布局读图：

一般是先看主电路，后看控制电路，顺序是从上到下，从左至右，由各电器的线圈找触点逐步分析，即可知道该图是做什么用的，工作原理是什么，并进一步写出它的工作过程。

（3）对于复杂图纸，可分成各单元进行读图，由各元器件在电路中的作用逐一分析各支路、各回路的功能及工作情况，再根据各单元之间的连接关系，掌握整个图纸内容及实现的功能。有时还需了解其他专业图纸情况，尤其是电气与机械结构之间的连接，这对识图是很有帮助的。

（4）印刷电路板的识图步骤：

首先以电路原理图为基础，在印刷电路板图上找到各元器件的位置，按原理图的走向和顺序（从输入到输出）理清各元器件之间的电气连接。分下列两种情况识图：

如果是有直流电源电路，首先找到与直流电源正、负极相连接的铜箔导线，然后按原理图的顺序理清各元器件之间的电气连接。

如果是交流电源电路，首先找到整流电源（整流变压器）的两个交流输入铜箔导线，然后按原理图的顺序理清各元器件之间的电气连接。

## 第三节　电器、电子电路的装配技术

在电子设备及电子电路中，电子器件及电路器件的装配，应根据各种装配图和装配流程图进行安装。在电子工程装配图中，包括印刷电路板装配图、实物装配图、安装工艺图、布线图、面板图等。其中主要是印刷电路板装配图。电子操作工主要应掌握印刷电路板装配图的识图和装配。

## 一、装配前的图纸准备

要想做好电子电路的装配工作，应对电子设备或电子电路充分了解，必须先看电子设备组成方框图、印刷电路板装配图和装配流程图。

1. 电子设备组成框图

任何一个电子设备或电子电路，在确定设计方案时，都会画出组成框图。图中应包括电子设备或电子电路的各组成部分、各元器件、各局部电路等。

在组成框图中，应按信息流方向布局或排列。通常情况下，布局应均匀，可多层次，信息流向应为从输入到输出即从左至右，从上至下；对于闭环系统中的反馈信息流向正相反，从输出到输入即从右至左。

2. 印刷电路板装配图

在印刷电路板上标出各元器件及电子设备的安装位置，其中元器件可以用实物或图形符号画出，安装位置、安装方式、工艺要求都应明确了解。

3. 装配流程图

装配流程图是按电子装配的要求画出，表明装配的顺序、过程、工艺要求等。

## 二、装配原则及主要元器件的安装技术

1. 装配原则

总的装配原则是前面的安装工序不能妨碍后面的安装工序。

装配顺序：通常应先安装矮小、卧式的小功率器件，后安装大功率器件。可采用卧式或立式安装，然后安装可以调节的器件、易损坏器件，最后安装电源或带散热器的元器件。

2. 主要元器件的安装技术

(1) 晶体管的安装

各种晶体管在安装时应分清它的型号及管脚，认准排列，不要插错或装反。尤其是外形相似的不同晶体管，如二极管和稳压管，三极管和晶闸管及场磁效应管等，为防止混淆，应看清每个管的外包装及管脚图后，再进行安装。有的晶体管如场效应管在安装及焊接时要注意感应电，焊接时电烙铁应接“地”，严格按管脚的焊接次序进行焊接。

(2) 电阻的安装

区分同一电路中各个不同阻值、功率、类型的电阻安装位置，对于大功率电阻应与底板隔开距离大一些，与其他零件的距离也要大一些，有利于散热。小功率电阻可与底板近一些，并采用卧式安装，最好紧贴电路板安装。

(3) 电位器的安装

电位器的安装应注意它的型号、转动方式、安装方向。它的金属外壳应接“地”，可调电位器的一个固定端应与滑动端连线，防止调节时电路短路或断路，等安装到位后再进行固定。

(4) 电容的安装

电容安装应根据它的种类和极性以及耐压情况确定，尤其是电解电容极性不能搞错，否则容易出现爆炸、鼓肚等现象。

(5) 电感的安装

电感的安装应注意接头部位的保护，因为它的接头部位比较脆弱；同时应与周围元件距离远一些，防止互感。多线圈电感在安装时，注意线圈的“同极性端”。

(6) 电源变压器的安装

电源变压器通常应安装在通风、散热较好的位置，尽量用屏蔽罩隔离或远离信号输入端；安装时一定要压紧铁心，减小交流噪声及涡流损耗。对于比较大、比较重的电器元件，应采用固定支架牢固安装在电路板的下面部分。

（7）继电器的安装

继电器的安装应注意它的线圈和触点应分别接线，因为可能分别接在不同的电路中。对于固态继电器应注意它的输入与输出不能安反，不能安装在有强磁场或容易振动的部位。

安装完毕后，应向用户提供电路原理图及印刷电路板的装配图，便于用户使用和维修。

## 思考题

1. 电子工程图包括哪些主要的图纸？

2. 识图的基本要求是什么？

3. 识图的基本步骤有哪些？

4. 电子电路及电子设备的安装原则是什么？

5. 主要元器件（晶体管、电阻、电容、电感、变压器、继电器等）的安装要求是什么？

6. 试读几个简单的典型电路。

# 第三章　电子器件的焊接

## 第一节　电子器件的焊接

### 一、焊接的工艺流程图

从准备到完成电子电路或电子设备的工艺流程如图 3－1 所示。

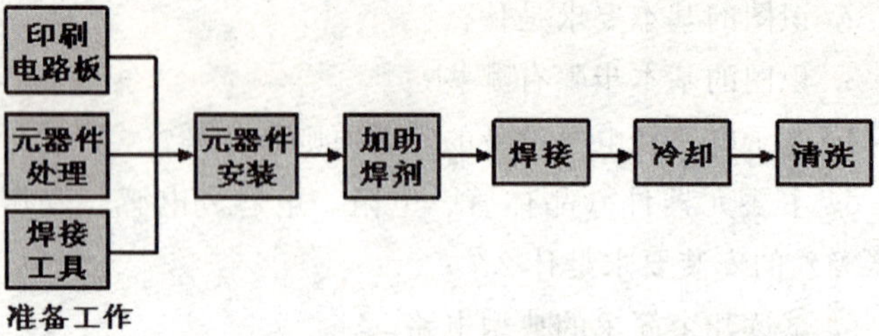


图 3－1　焊接的工艺流程图

### 二、电烙铁的选用与焊接温度识别

1. 电烙铁的基本结构

电烙铁是焊接电子器件的主要工具，它可以通过加热焊接部位，熔化焊剂，在被焊金属上形成一层合金，使被焊器件牢固地连接在一起。

电烙铁的基本结构由烙铁头（储热体）、烙铁芯（发热体）、外壳、支架及手柄组成。如按加热方式来分类，可分为内热式和外热式。

2. 电烙铁的主要种类

（1）内热式

内热式电烙铁的发热元件是用电阻丝绕在密封陶瓷上，插在烙铁头内部，可直接对烙铁头加热，故称内热式。如图 3 - 2 所示。

（a）内热式电烙铁外形

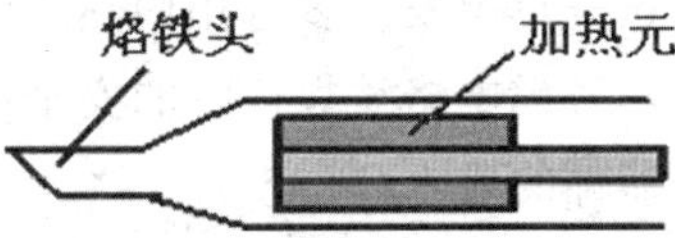


（b）内部结构示意图

**图 3 - 2　内热式电烙铁**

内热式电烙铁主要规格有：15W、20W、30W、35W 和 50W 等。主要特点是升温快、效率高，但结构复杂，成本高，而且发热体烧断后无法修复。主要应用于印刷电路板的焊接。

（2）外热式

外热式电烙铁应用较广泛，它的发热体是电阻丝缠绕在云母材料上，并包在烙铁头的外面，即烙铁头插入发热体内。如图 3 - 3所示。

（a）外热式电烙铁外形

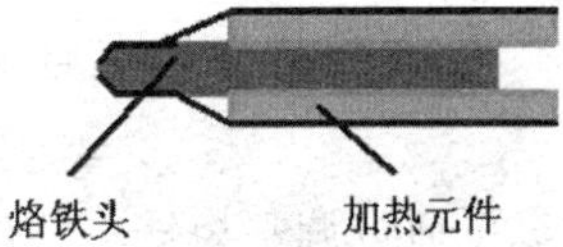


（b）内部结构示意图

**图 3 - 3　外热式电烙铁**

它的规格较多，有 20W、25W、30W、50W、75W、100W、150W 等。主要特点是热效率低，升温慢，体积大，但结构简单，成本低。主要应用于导线和较大器件如分立元件电路的焊接。

目前有一种恒温型电烙铁，在烙铁头上装有磁控开关，可自动控制通电时间，达到恒温作用。

3. 电烙铁的选用

电烙铁的选用原则，应从焊接效率和安全角度出发。

（1）应考虑效率高、升温快，在连续焊接时能保持一定的温度。从这一点出发，多选用内热式电烙铁。

（2）考虑电烙铁焊接时的安全可靠，并且它的烙铁头形状适合焊接器件的要求。

（3）操作、维修方便，使用寿命长。除此之外，应考虑电烙铁的温度控制是否方便、容易控制。

4. 电烙铁的温度控制

在焊接过程中，一定要掌握电烙铁的温度，即掌握“火候”。如温度过高，容易引起焊料流淌，并会使耐热性差的元器件烧坏；如温度过低，容易发生焊料成堆或焊点出尖，甚至发生“虚焊”现象（即焊点外面堆积一堆焊料，实际里面金属体之间没有焊接上）。因此，电烙铁的温度控制是提高焊接质量，防止元器件损坏的主要措施。

温度控制的主要方法如下。

（1）可适当调整加在电烙铁的电压，实现温度的调节和控制。

（2）可通过调整烙铁头伸出的长度来调节温度。如通常拉长烙铁头，温度可适当降低；反之如缩短烙铁头，温度可提高。

（3）可采用调温的电烙铁，实现温度的恒温控制。

有经验的焊工，一般能通过目测，大致判断出电烙铁的温度，使电烙铁的温度适合焊接温度。一般焊接印刷电路板的焊接温度为200～250℃范围内。

5. 目测电烙铁的温度

将电烙铁接通电源，加热到一定温度后，蘸上少许松香焊锡后，观察电烙铁冒烟的状态，可进行初步判断。

（1）如冒烟细长，持续时间长（约20秒以上），焊锡颜色不变，则温度低于焊接温度，通常小于200℃。

（2）如冒烟稍大，持续时间在10秒左右消失，而且6～8秒后变成黄色，则温度在250℃左右，可达到焊接印刷电路板的温度。

（3）如冒烟较大，持续时间在8秒以内，经3～5秒后变成黄色，则温度可达到300℃以上，可焊接导线及线材、大型元器件。

（4）如冒烟大，持续时间短，而且经2～3秒后焊锡由紫色变为黄色，则温度可达350℃左右，可焊接屏蔽板等。

（5）如冒烟很大，持续时间很短，约2秒后消失，2秒内焊锡变为紫色，则温度可达400℃以上，可焊接散热片及较大屏蔽板等。

目测电烙铁的焊接温度是否合适，需要长时间操作实践才能观察出来。

## 三、焊料的选择

除电烙铁以外，焊料的正确选择也是保证焊接质量的重要措施。通常情况下，焊料的熔点应比被焊金属低，熔化后可以包围被焊金属表面，形成合金层，使被焊金属焊接牢固。

1. 焊料的选择原则

（1）焊料和被焊金属材料有较强的亲和性，可在其接触面处形成合金层。通常情况下，手工焊接应选用松香芯锡焊丝，它是一种将助焊剂松香粉末掺在管状的60％锡铅合金中的焊料，其外径种类有 0.5mm、0.8mm、1.0mm、1.5mm、2.0mm、2.5mm、3.0mm 等多种规格。

（2）焊料的熔化温度应与被焊件温度相适应，比被焊件的温度稍低即可。

（3）保证焊点有良好的导电性和一定的机械强度。

2. 常用的锡铅合金（简称焊锡）

锡铅合金的熔点低，与铜及合金的焊接性能好，有一定强度，抗腐蚀性能好，有良好的导电性，因此在现代的电子焊接中被广泛应用。焊锡根据成分的百分比不同又分为多种牌号，可根据不同情况进行选择。通常60％锡铅合金多用于电子元器件、开关零件等焊接，而30％锡铅合金则应用于青铜、黄铜等导线的焊接。

## 四、助焊剂（简称焊剂）的选择

为防止焊接加热过程中的氧化，在焊接时应正确选择助焊剂。

1. 助焊剂的作用

（1）清除氧化膜，防止焊接面的氧化。

（2）减小表面张力，浸润、扩展焊锡，使焊接处形成光亮、美观的合金层。

这里要注意助焊剂只能清除氧化膜，不能清除污物。

2. 对助焊剂的要求

（1）其熔点应低于焊料的熔点。

（2）导电性好，无腐蚀，无毒性。

（3）助焊剂的比重应小于焊料的比重。

3. 助焊剂的选择

选择助焊剂时应考虑被焊金属的可焊性和氧化情况，一般情况下应注意以下几点：

（1）对金、银、铜、铂、锡等可焊性比较强的焊件，应选择松香酒精助焊剂。

（2）对黄铜、铝、青铜、镀铜合金等可焊性比较差的焊件，应选择中性助焊剂。

（3）对铁、锡镍合金等难于焊接的金属，应选用有机水溶性的助焊剂。

## 第二节 电子器件在焊接过程中的安全常识

### 一、使用电烙铁的注意事项

1. 选择适当的电烙铁（类型、瓦数）

焊接电子器件一般选用 20～30W 的内热式电烙铁。根据不同的烙铁头、采用正确的拿法。

2. 选择适当的烙铁头

烙铁头用紫铜经电镀制成。它的形状有圆斜面形（称通用型）、尖锥形、圆锥形、凿形、弯曲形等。如图 3－4 所示。

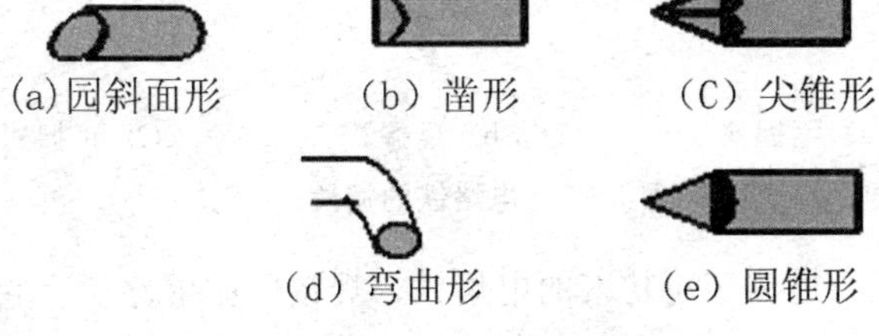


**图 3－4 常用烙铁头的形状**

其中圆斜面形为通用型烙铁头，适用焊接比较大的元器件，用在焊接元件较少、焊点不密集的电路。尖锥形或圆锥形则适合焊接密度很高、元器件较小、焊接温度不高的场合。凿形烙铁头主要应用于拆卸、维修用。

3. 使用烙铁头的注意事项

烙铁头在焊接时，应注意它的接触面积和长度。一般使它的接触面小于焊接处的面积，否则容易损坏被焊接的元件。烙铁头的长度应适当，如果过长过粗，不能保证焊接温度，会增加焊接时间。通常烙铁头短而尖，焊接温度高、时间短。

（1）使用前的检查：电烙铁在使用前应检查电源线的绝缘是否良好，有无破损现象，防止电源短路及发生人身触电事故。

（2）使用时的注意事项：操作者应轻放，不可乱敲乱打，防止电阻丝断裂。

（3）电烙铁的正确握法：一般有三种电烙铁的握法；笔握式、反握式、正握式。如图 3－5 所示。

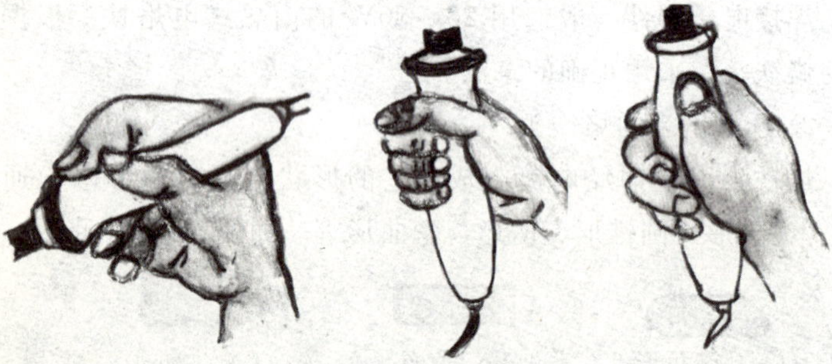

（a）笔握式　　（b）反握式　　（C）正握式

**图 3－5　电烙铁的握法**

笔握式：适用于小功率的电烙铁，焊接印刷电路板。它的拿法像拿笔一样，便于手腕灵活转动。

反握式：适用于大功率的电烙铁，焊接比较大的器件，动作稳定，不容易疲劳，可长时间焊接。

正握式：适用于中功率的电烙铁或用弯曲的烙铁头，焊接连接导线时，应采用正握式，即像拿普通木棍一样拿法。

4. 新电烙铁在初次使用时，应先将电烙铁加热到合适温度后，用细砂纸轻轻打磨烙铁头，去掉油污及氧化层，然后镀上一层锡，使其容易焊接。

5. 烙铁头应经常保持清洁，去掉氧化层或污物，保证焊接质量。

6. 焊接时，应采用中性焊剂，防止腐蚀元器件。

7. 焊剂完毕，不必擦去烙铁头上的焊锡，这样可以防止烙铁头氧化。

8. 根据不同的焊接对象掌握好焊接时间。一般焊接电子器件时，应 2～3 秒内完成，否则易损坏元器件。

9. 判断最佳焊接效果。一般焊点处光滑、明亮，略微呈凸形，焊点与电子器件引脚接触牢固，即为焊接成功。采用正确的方法迅速撤离电烙铁，控制焊料的留量，不能过多或过少。

## 二、焊接的基本步骤

1. 准备：通常左手拿焊丝，右手正确握住电烙铁，准备焊接。

2. 加热焊件：将烙铁头靠近焊接元件或导线约 2 秒，使焊件均匀受热。

3. 进行焊接：送入焊丝进行焊接，通常焊丝从烙铁对面接触焊接元件，不能将焊丝送入烙铁头上。

4. 焊接完毕：当焊丝熔化，焊点符合要求时，立即将焊丝离开焊点（约 45°方向）。

5. 结束焊接：焊接完毕移开焊丝后，再移开电烙铁。通常为与移开焊丝的相反方向（约 45°方向）移开。

## 思考题

1. 试画出焊接的工艺流程图。
2. 如何选择电烙铁和烙铁头？
3. 如何目测焊接温度？实际操作并观察。
4. 如何选择焊料和助焊剂？
5. 焊接时应注意哪些事项？
6. 如何进行焊接工作？试焊接各种元器件。
7. 焊接时元器件的管脚如何处理？

# 第四章　电子器件的识别与检测

## 第一节　电子器件的识别

### 一、二极管的识别

利用二极管的单向导电性，可用万用表来判断二极管的管脚极性及二极管的好或坏。如采用一般指针式万用表进行识别。方法如下。

1. 将万用表的转换开关拨到欧姆档的R×100或R×1k挡位上。此时万用表的黑表笔与表内1.5V干电池的正极相连，即说明黑表笔带正电；而红表笔则与表内1.5V干电池的负极相连，即说明红表笔带负电。如图4－1所示。

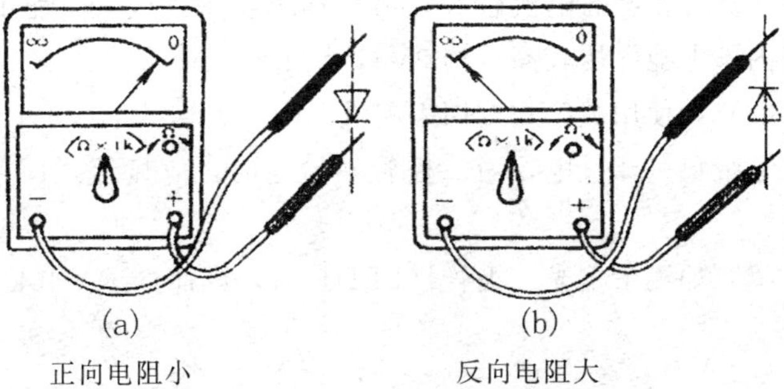


(a)　正向电阻小　　(b)　反向电阻大

图4－1　二极管的识别

将万用表两支表笔分别与二极管的两管脚并接，观察表头的电阻值，若所测电阻较小（几十欧至几百欧），说明此时的二极管导通，所测电阻为正向电阻，则与黑表笔所接管脚为阳（+）极，红表笔所接管脚为阴（—）极。

若所测电阻值较大（接近无穷大“∞”，在 500kΩ 以上），则说明此时二极管截止，所测电阻为反向电阻，结论与前述相反。

2. 通常情况下，应进行二次测量，即调换二极管方向（或调换红、黑两表笔），再进行一次测量。

3. 测量结果

（1）二次测量正、反电阻值差别很大，说明该二极管性能正常，并可判断出它的管脚极性。

（2）如二次测量的正、反向电阻都很小，说明该二极管内部已短路损坏，不能使用。

（3）如二次测量的正、反向电阻都很大，说明该二极管内部已断路或接触不良，也不能使用。

4. 测量时的注意事项

（1）不要用欧姆档的 R×1 或 R×10k 挡去测量二极管。因为 R×1 挡通过的电流较大，易烧坏小功率二极管。而 R×10k 挡表内干电池电压较高（约 9V），易击穿二极管。

（2）如使用数字式万用表测量，则黑表笔带正（+）电，而红表笔带负（—）电；当二极管不导通时，应显示“1”即表示断路。

（3）如测量发光二极管（LED）时，则应选 R×10k 挡进行测量。

## 二、三极管的识别与判断

利用晶体三极管的基本结构及它的电流放大作用，进行管型、管脚及穿透电流和电流放大系数的识别与判断。步骤如下。

1. 将指针式万用表的转换开关拨到欧姆档 R×100 或 R×1k 挡位，用黑表笔任接三极管的一个管脚，再用红表笔分别接触三极管的另外两个管脚。由于三极管的两个 PN 结可看成如图 4-2 所示。

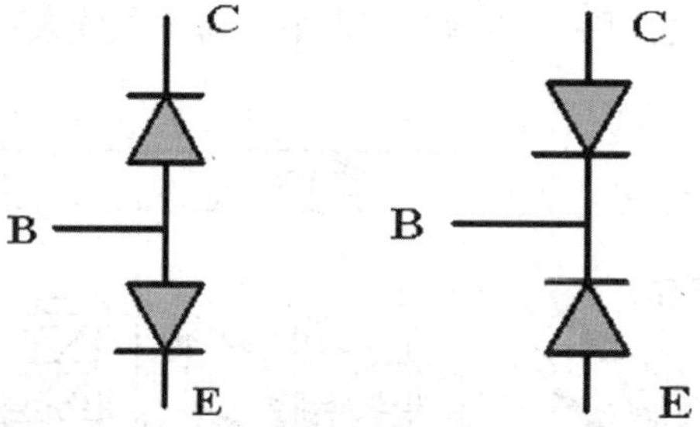


(a) NPN 型　　(b) PNP 型

图 4-2　晶体三极管的结构示意图

根据 PN 结的正向电阻小，反向电阻大，首先可确定三极管基极 B 管脚及 NPN 型或 PNP 型管型。

(1) 基极 B 的确定：由于基极 B 处于两个 PN 结的公共连接点上，因此如黑表笔接于基极 B，红表笔分别接触 E 和 C，所测的电阻值基本相同，则黑表笔所接的管脚即为基极 B。

(2) 管型的确定：如果红表笔两次接触 E 和 C，所测电阻均比较小，说明两个 PN 结都正向导通，所测电阻是都为比较小的正向电阻，说明该管为 NPN 管；反之如两次接触 E 和 C，所测电阻均比较大，说明该管为 PNP 型。

2. 集电极 C 及发射极 E 的确定

确定基极 B 后，假设另两个管脚中的一个为集电极 C，将黑表笔接在假设的 C 管脚上，红表笔接假设 E 管脚上，观察万用表指针。如果指针基本不动或偏转很小，说明此时通过万用表的电流很小，为穿透电流 $I_{CEO}$。然后用拇指捏在基极 B 上，而食指捏在假设的集电极 C 上，再观察万用表指针。此时指针应摆动很大，说明此时通过较大的集电极电流，假设的管脚正确，该管为 NPN 管，即黑表笔所接为集电极 C，红表笔所接管脚为发射极 E；而且大致估计到该管的电流放大系数 β 值的大小。对于性能较好的三极管，它的穿透电流 $I_{CEO}$ 很小，而 β 值较大。如图 4－3 所示。

| 估测内容 | NPN型小功率管 | PNP | PNP |
| --- | --- | --- | --- |
| $I_{CEO}$ | 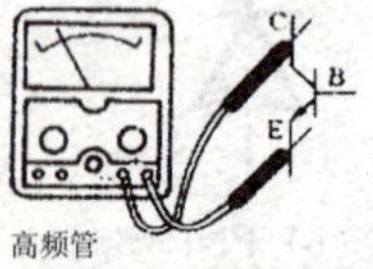  | 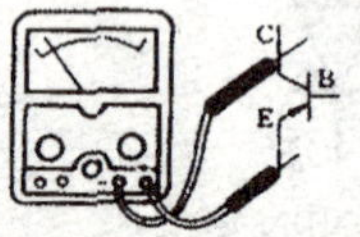  | 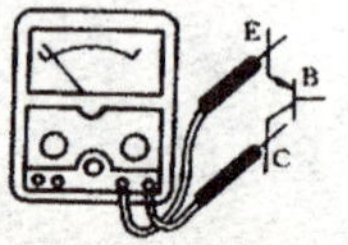  |
| $\beta$ | 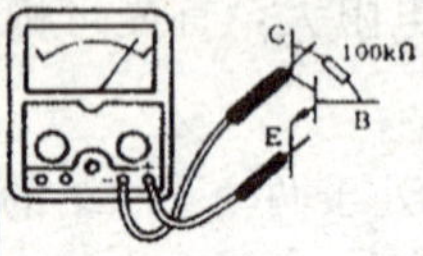  | 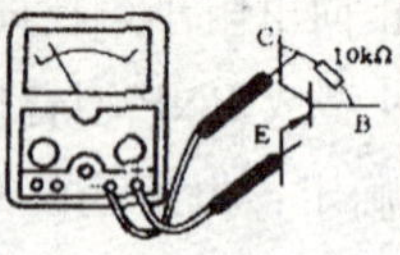  | 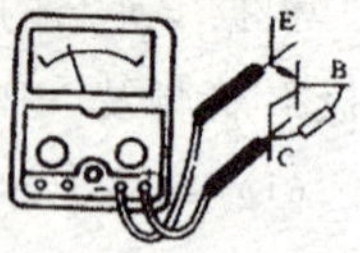  |

**图 4－3　晶体三极管的判断与识别**

如果情况不是上述所述，将假设重新调换，用相同方法再测量一次，即可确定三极管的管脚、$I_{CEO}$ 和 β 的大小。

对于 PNP 管，仍用上述方法，但须将表笔对调进行上述测量即可。如图 4－3 所示。

有些三极管从外形上可以看出管脚极性，如图 4－4 所示。或根据三极管的型号查电子手册中的外形图，也可以判断管脚极性。

3. 三极管性能的初步判断

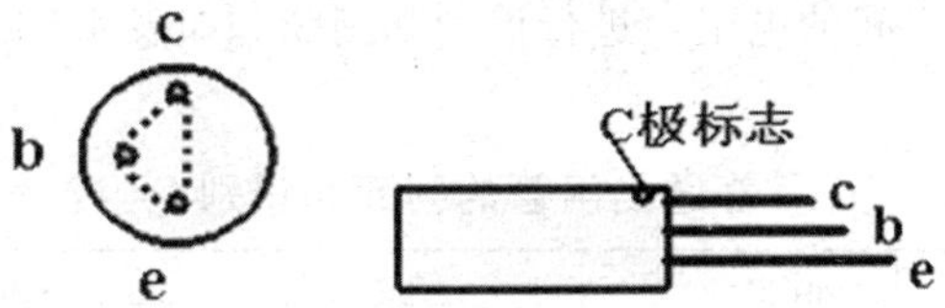


（a）底视图　　　　（b）侧视图

图 4－4　三极管外形上的管脚极性

（1）穿透电流 $I_{CEO}$ 应越小越好，对于硅管，应小于 1 微安，对于锗管应小于几十微安。对于 NPN 管，应将黑表笔接集电极 C，红表笔接发射极 E，此时表头指针应摆动很小，电阻约为数兆欧。对于 PNP 管则应调换二表笔，即红表笔接集电极 C，黑表笔接发射极 E 进行测量。此时指针应稍偏转大一些，但不能太大，如太大则穿透电流过大，性能不佳。

（2）电流放大系数 β 的估测：按判断集电极 C 的方法进行测量，如指针摆动很大，则说明 β 值较大。

（3）硅管或锗管的测量：通常情况下，硅管大都为 NPN 管，而锗管大多为 PNP 管。如用万用表欧姆挡 R×100 或 R×1k 挡进行 B、E 之间的发射结的正向电阻的测量。对于硅管将黑表笔接于基极 B，红表笔接发射极 E，测量出的硅管阻值大，则指针摆动小，说明硅管发射结压降大，约 0.5V～0.7V；反之锗管应将表笔对换进行测量，锗管发射结压降小，约 0.1V～0.2V，其阻值稍小，即指针摆动稍大些。

## 三、普通晶闸管的判断

晶闸管的外形比三极管容易识别，通常体积比较大，栅极靠近阴极，而且栅极为细软线。为了准确进行识别其管脚，并判断管子好坏，可以用万用表的欧姆挡 R×1 或 R×1k 挡去测普通晶闸管各管脚之间的电阻，进行识别和判断。如表 4-1 所示。

表 4-1　　普通晶闸管的判断和识别

| 管脚 | 电阻挡位 | 测量极性 | 测量结果 |
|---|---|---|---|
| 阳一阴<br>(A—K) | 电阻挡<br>(R×1k) | 正向或反向 | 高电阻 |
| 阳一栅<br>(A—K) | 电阻挡<br>(R×1k) | 正向或反向 | 高电阻 |
| 栅一阴<br>(G—K) | 电阻挡<br>(R×1) | 正向<br>(G 接+K 接—) | (10～100) Ω |
| | | 反向<br>(G 接—K 接+) | (50～500) Ω |

通常情况下，一只性能较好的晶闸管。其阳极 A 与阴极 K 之间，无论测量表笔的极性如何，都应为高电阻；而控制极 G 与阴极 K 之间只有一个 PN 结，因此正向测量时电阻应较小，而反向测量时电阻应较大。具体测量方法如下。

1. 确认阳极 A

用 R×1 或 R×1k 挡，分别去测量晶闸管的任意两个管脚之间的电阻。如果测出一组的电阻值较小，在几十至一百欧，被测的两管脚应为 G 和 K，另一管脚应初步认定为阳极 A。

2. 为确认该管脚是否为阳极 A，应进行下一步的测量。

将黑表笔接初步确认的阳极 A，红表笔分别去接另两个管脚，测量的电阻都很大，几乎呈无穷大，那就可以确认黑表笔所接管脚一定为阳极 A。

3. 确认控制极 G

(1) 将万用表置于欧姆挡 R×1 挡位上，将黑表笔接假设的控制极 G，红表笔则接假设的阴极 K；如所测电阻很小，约在 100Ω 以下，则假设初步认定是正确的。

（2）将黑、红表笔对调，再测量一次，这时电阻应较大，则说明假设正确，即可确认控制极 G 及阴极 K。

# 第二节　电路元件的检测

## 一、电阻及电位器的检测

1. 普通电阻的阻值测量

用万用表的欧姆挡来核对电阻值，测量时用表笔轻轻拨动电阻引脚；如果万用表的指针摆动范围较大，说明该电阻内部接触不好或引脚松动。

2. 特殊电阻如热敏电阻，可以在常温下（20℃）或改变环境温度（如用发烧元件如灯泡或加热的电烙铁靠近）再测电阻值，观察其电阻值的变化。如电阻值无变化，则说明该热敏电阻性能不灵敏。

3. 电位器的检测

用万用表欧姆挡 R×1 挡进行测量，将两表笔接至电位器的两端：

（1）将电位器旋钮拨到“开”位置时，此时万用表显示电阻应为零，指针指到“0”表示开关接通；反之将电位器旋钮拨到“关”时，万用表显示电阻为无穷大，指针不动表示开关断开，说明此电位器正常。

（2）将两表笔分别接电位器的两端焊片，测量电阻的标称值是否符合型号所标数值。

（3）将一根表笔接电位器的中心抽头，另一根表笔接电位器的任意一端，观察电阻值；然后慢慢旋动电位器的旋钮，看表内指针是否慢慢变动。如果表内指针是慢慢变动，则说明电位器正常；如果指针无变化，则说明该电位器不正常。

## 二、电容器的检测

1. 固定电容器的检测

（1）将万用表旋至欧姆挡的 R×1 或 R×10k 挡位（视电容器的容量不同，大容量应置 R×10k 挡），将两表笔分别与电容器的两引脚接触。

（2）此时观察表内指针摆动情况，指针先从无穷大处摆动很大到很小电阻处，然后反方向缓缓摆回到无穷大处，说明该电容器正常。如果不能返回，说明该电容器不正常；或不能返回到无穷大处，说明该电容器性能不好。

（3）通常情况下电容器的容量越大，指针摆动也越大，指针复原的速度越缓慢，可初步判定电容器的电容量大小。

（4）如指针始终不动，说明该电容器内部断路。

2. 电解电容及可变电容器的检测

（1）电解电容器极性的判别：通常电解电容器的容量比较大，而且它的两个引线（即管脚）有正、负之分。如果将它的正、负引线错误地接入电路，会造成电解电容器爆炸、鼓肚等现象，损坏电解电容器。因此正确判断电解电容器的极性是很重要的。

判断的方法同样用万用表的 R×10k 电阻挡，将黑表笔接入任意引线，红表笔去碰另一根引线。如果万用表显示电阻大，说明表内电池是正向接入电解电容，黑表笔所接的引线为电解电容器的正极。然后调换表笔，再次测量，万用表显示的电阻应比较小，说明判断正确。

（2）可变电容器的检测：同样用万用表的 R×10k 电阻档，将两表笔分别接在可变电容器的某一固定引线和滑动引线上，转动可变电容器的滑动旋钮，万用表的指针应有所变化。如指针不动，说明内部断开；如指针指到零，说明内部短路。

## 三、电感器的检测

由于电感器的主要组成是电感线圈，因此可通过检查线圈的电阻值来判断电感器的好或坏。

1. 先用万用表的 R×1 电阻挡（因为电感线圈的电阻很小），测量线圈电阻（两表笔不分极性，任意接入线圈的两端）。通常情况下，所测电阻值如接近电感器的标称值，说明电感器正常；如所测电阻值很小，接近为零，说明电感器线圈内部短路（如线圈局部短路，需要进一步检查）；相反如所测电阻值很大，说明电感器线圈断路。

2. 对于由多个线圈或有铁心或屏蔽罩组成的电感器，不仅要测量每个线圈的电阻值，而且还需要测量各个线圈之间及线圈与铁心之间或与屏蔽罩之间的绝缘是否合格，有否短路现象。

## 四、变压器的检查

电子电路或电子设备中应用的变压器大多为电源变压器、输入输出变压器，从使用的频率分类，可分为低频、中频及高频变压器，通常它们的容量不大，为几瓦至几十瓦。对变压器的检查可先从外观察看，然后再用万用表进行测量。

1. 输入、输出变压器（低频变压器）的检查

（1）从外观察看，输入变压器的原绕组为一个线圈、两个引出端，用万用表 R×1 电阻挡测量的电阻值比较大；而输出变压器的副绕组为一个线圈、两个引出端，线圈的导线比较粗，用万用表 R×1 电阻挡测量的电阻值很小。

（2）对有中心抽头的线圈，应判断中心抽头的引出端。通常

情况下，中心抽头位于两个线圈的中间位置，两个线圈对称，电阻值是相等的。因此可先假设某引出端为中心抽头的引出端，接万用表的一个表笔（用万用表 R×1 电阻挡测量），而万用表的另一个表笔分别接另两个引出端，进行两次测量。如测量的电阻值相等，说明假设正确；如不相等，则需要重新假设并进行测量。

（3）要测量每个线圈的电阻值，而且还需要测量各个线圈之间及线圈与铁心之间或与屏蔽罩之间的绝缘是否合格，有否短路现象。

2. 中、高频变压器

除了进行上述的检查外，还应检查磁心是否有破损、松动等现象。

## 第三节　电子电路的检测

电子电路或电子设备在制作完成后，应进行检测和调试，排除故障，保证质量，确保安全可靠。

### 一、检测的要求

为确保电子电路及电子设备的质量，在检测前对检测人员及检测环境、测试仪表、检测工具都有相应的要求。

1. 检测环境的要求

检测环境应符合电子产品正常的工作环境。如周围无强电磁场干扰，无刺激性或腐蚀性气体，温度、湿度都应在规定的范围内进行。

2. 检测人员的要求

检测人员应熟悉被检测的电子产品性能、工作原理、主要组成、主要元器件等，熟练掌握检测仪表、工具、检测工序、检测方法及注意事项。

3. 检测仪表

根据检测方式，准备好使用的仪器仪表，将其调到待用状态。通常情况下，检测电子产品最起码应准备好万用电表、示波器。万用电表可进行各种测量，示波器可观察电路中的各点波形及参数变化。由于示波器有一定的预热、稳定时间，因此一般应提前调到待用状态。

4. 被测件的准备

通常电子电路及电子设备等产品，在制作完成后应做好不通电前的检查工作。如核实电路的连接是否正确，有无短路、断路或“虚焊”、错焊、漏焊等现象，元器件是否损坏，安装是否合适等。如一切正常，才能进行通电检测。

## 二、检测步骤

在完成上述工作后，可进行通电检测，按正常步骤和顺序进行。

1. 电源电路的检测

电源电路是整个电子电路及电子设备正常工作的基本保证。检测步骤如下：

（1）通电前检查电源开关是否在正确的挡位，输入电压是否正确。

（2）通电前还应用万用表的电阻挡，检查电源的两个输入端是否有短路现象。即将两表笔接电源电路的两个输入端，将电路的所有开关断开；电路应断开不通，然后接通开关，电路应接通。

（3）通电后观察有无异常气味，如烧焦、冒烟等现象。如发现这些现象，应马上切断电源，立即进行检查，排除故障后方可通电进行下一步检查。

(4) 检查输入电压是否正确，测量其电压值；对于交流电压还应观察输入电压波形是否正常。

2. 各组成电路的检测

电源电路检测结束后，应按组成方框图的顺序，逐一对各部分电路进行检测，检测各主要连接点的电压值并测波形，看是否符合技术规定值。如发现问题，应对该单元电路中的各部件进行检测。

3. 各部件检测

应针对不同元器件及部件，根据前面所述方法（如各晶体管、各电路元件）进行逐一检查，对各焊接点进行仔细检查。尤其是晶体三极管应检查其管脚，并在通电情况下测量其各管脚电位及管压降，看它是否工作在正常状态（放大、饱和导通或截止状态）；如与要求有差距，应适当调整电路参数，如调基极电路中的电位器，进行工作点的调整。

对各集成电路的检查，不仅要按规定检查内部电路，而且还应检查其引脚与插座件之间的连接是否接通；往往由于焊接原因，使其引脚与插件不通。

在检查各元器件时，如果有不正常情况，应仔细分析及检查故障发生处。通常情况下，不要轻易调换元器件，否则会由于参数变化，使电路工作不正常。

4. 各部件、各电路检测完毕后，可进行整机测试。通电后，从输入逐级检查到输出，看是否符合各技术指标，如无误，应紧固各调整元件，并打上色标，固定其挡位，并在技术说明书上注明，通常不应再进行调整。

## 三、小型稳压电源电路的检测

1. 首先检查电源变压器

在通电前检查原、副绕组的电阻值及各绝缘电阻值，如正常后，接通交流电源。原绕组接单相交流电压 $u_1$ 为 220V，用万用表交流电压 250V 挡测量电压是否为 220V，检查副绕组电压应为规定的电压值如 $u_2$ 为交流 20V，用示波器测量电路中 A、B 两点之间应为正弦电压波形。如图 4－5 所示。

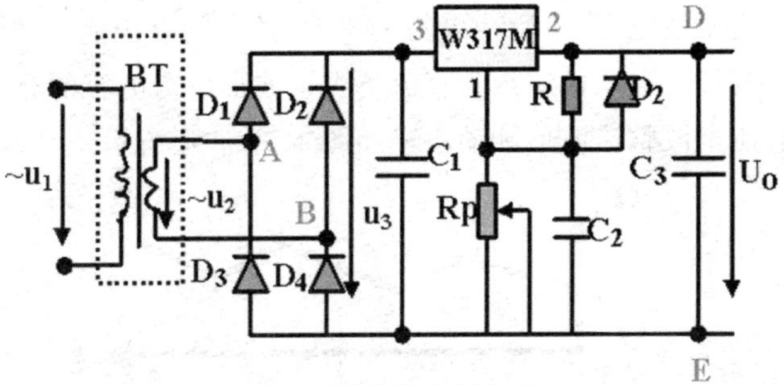


(a) 小型稳压电源电路

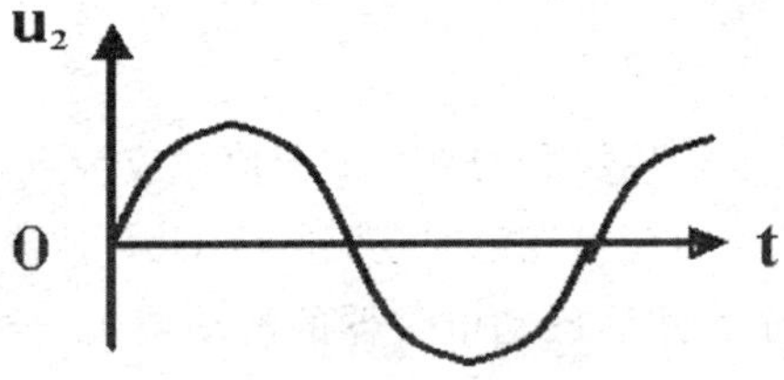


(b) 交流电源的电压波形

**图 4－5　小型稳压电源电路的检测**

2. 检查整流电路

在确认四个整流二极管正常的情况下，先断开滤波电容 C，用万用表直流电压挡测量单相桥式整流电路的输出直流电压大小，即 3－E 两点之间直流电压 $u_3$ 约为 $0.9u_2$，即略小于 18V；

然后用示波器检查该两点之间是否为全波整流波形。如图 4－6 所示。

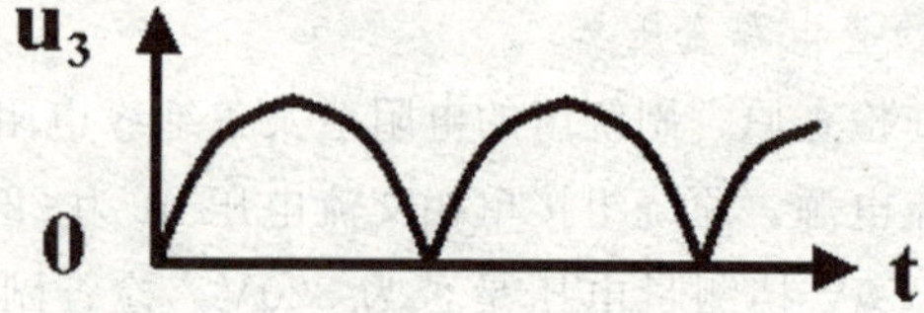


图 4－6 整流电路的全波整流波形

3. 检查滤波电路

接通滤波电容 $C_1$ 后，再测量 3－E 两点间电压值，并用示波器观察波形。电压值应约为直流 24V；波形应为电容的充放电波形，它比全波整流波形脉动小，如图 4－7 波形所示。

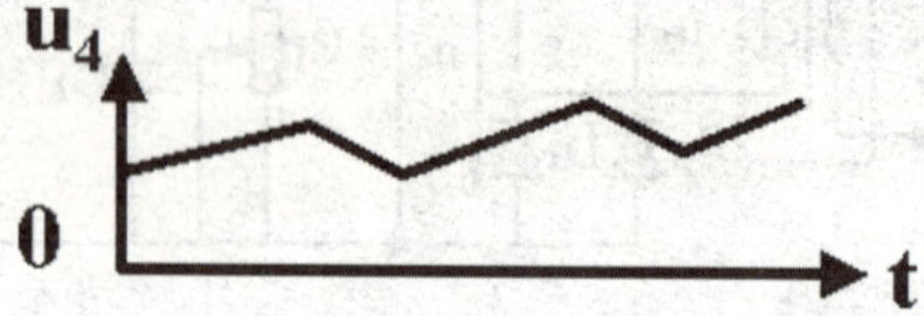


图 4－7 滤波电路的电容充放电波形

4. 检查稳压电路

检查经集成稳压块后的直流电压值，应为 W317M 输出的直流电压值。该电压应为稳定的直流电压 Uo，波形为平直的直线，如图 4－8 所示。然后旋动电位器的滑动接头，看其是否能在规定范围内能够调节直流输出电压大小。

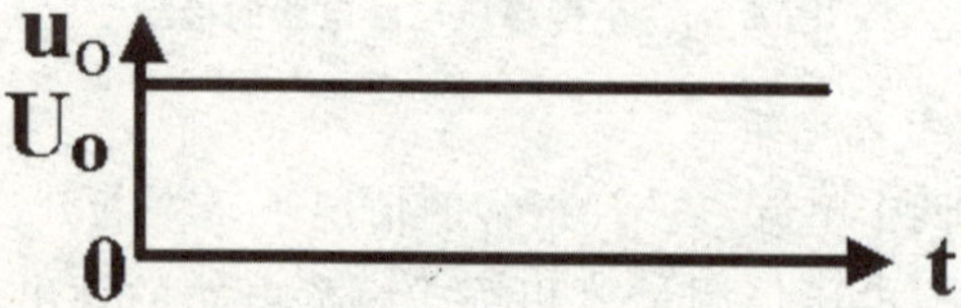


图 4－8 稳压电源输出的直流电压

检查合格后，可带直流负载进行试运行。

## 思考题

1. 如何进行电子元件和电路元件的检测与判断？具体操作并判断。

2. 电子电路及电子设备的检测要求及原则是什么？

3. 如何进行电子电路的检测？试对单管放大电路进行检测。

# 参考文献


1. 李丽英主编:《电子技术基础》,北京,中国农业出版社,1996。
2. 童诗白、华成英主编:《模拟电子技术基础》,北京,高等教育出版社,2001。
3. 杨素行主编:《模拟电子电路》,北京,中央广播电视大学出版社,1996。
4. 郑凤翼主编:《看图安装电气设备和电路》,北京,人民邮电出版社,2002。
5. 机械工业职业技能鉴定指导中心编:《电工识图》,北京,机械工业出版社 1999。
6. 樊会灵主编:《电子产品工艺》,北京,机械工业出版社,2002。
7. 汤勇主编:《电子电工基本技能与训练》,北京,高等教育出版社,2001。
8. 王卫平主编:《电子工艺基础》,北京,电子工业出版社,2003。
9. 机械工业职业技能鉴定指导中心编:《初级电工技术》,北京,机械工业出版社,2002。
10. 康华光主编:《电子技术基础》,北京,高等教育出版社,1999。